农村人居环境
整治技术模式
评价指标体系构建

杨波 张春雪 张韬 申锋◎著

中国农业出版社

北　京

　　全面且高质量地改善农村人居环境，是实现农业农村高质量发展的必然要求，是农业高质高效、乡村宜居宜业、农民富裕富足的重要基础。科学推进农村人居环境改善，对加快推进乡村建设和助力乡村振兴具有重要意义。近年来，中央和地方高度重视农村人居环境建设，发布相关意见并实施相关工作：2017年9月第三次全国改善农村人居环境工作会议指出坚决打好农村人居环境整治攻坚战，聚焦突出问题，不断提高农村人居环境建设水平；2017年10月党的十九大提出实施乡村振兴战略，坚持农业农村优先发展，加快推进农业农村现代化；2017年12月全国住房城乡建设工作会议提出加大农村人居环境整治力度，推进美丽乡村建设的重点工作；2018年2月，中共中央办公厅、国务院办公厅印发了《农村人居环境整治三年行动方案》，规定了进行农村人居环境整治的六项重点任务，以期加快推进农村人居环境整治，进一步提升农村人居环境水平；2021年中共中央办公厅、国务院办公厅印发《农村人居环境整治提升五年行动方案（2021—2025年）》，再次强调要以农村"厕所革命"、生活污水垃圾治理、村容村貌提升为重点，到2025年农村人居环境治理水平显著提升，长效管护机制基本建立。通过统筹力量、整合资源、优化举措，从而进一步推进农业农村绿色发展，增强农村人居环境的韧性，促进乡村振兴战略行稳致远，为建设生态文明与践行绿水青山就是金山银山的理念奠定基础。

截至目前，我国已经基本扭转了农村长期以来存在的脏乱差局面。但是，我国农村人居环境总体质量水平不高，还存在区域发展不平衡等问题，与农业农村现代化要求和农民群众对美好生活的向往还有差距。尤其是经济欠发达农村地区，区域适应性技术模式缺乏，厕所粪污无害化处理率与资源化利用率低、农村污水治理率低、垃圾和秸秆等有机废弃物分类减量与利用技术不成熟等问题表现突出，成为制约全国农对人居环境整治系统提升的主要瓶颈。而各地采用的农村人居环境整治技术模式存在投资力度大、处理效率低、利用技术不配套、没有明确的规范与技术指导等问题，严重制约了农村人居环境整治效果及我国农业农村的可持续发展。因此构建科学合理的农村人居环境整治技术模式评价体系，开展现有整治技术评估，筛选出先进适用、经济可行、综合效益良好的整治模式，是推进农村人居环境可持续发展的关键，是提高农业农村废弃物循环化利用率和资源化利用率，降低治污成本，破解治理难题的重要举措，对农业农村生态文明建设及发展具有重要意义。

编　者

2024 年 1 月

目录

第一章　国内研究进展

▶ 一、农村人居环境整治技术的国内关注度

通过检索中国知网等文献数据库，查阅相关统计年鉴及国家相关规范及标准等文件，笔者收集了与模糊综合评价法、层次分析法、农村厕所改造、农村生活污水处理、农村生活垃圾处置等相关的数据资料和文献，并对农村厕所改造、生活污水处理、生活垃圾处置技术模式以及农村人居环境整治评价指标等理论和研究成果进行分析汇总，为本书研究提供理论依据和方法指导。

相较于西方国家，国内学者关于农村人居环境整治技术的研究基础薄弱，开始时间较短，研究相对较少。但是在近几年实施乡村振兴战略背景下，农村人居环境整治这一领域吸引了众多学者的关注。根据中国知网检索结果，截至 2023 年底，以"农村人居环境整治"为主题的论文有 3 163 篇（2005 年前的文献因年代较为久远，未列入其中）。从学术关注度的数据可以看出，近 5 年中国关于农村人居环境方面的学术研究关注度呈现明显上升趋势（图 1－1）。2020 年 11 月发布的《中共中央关于制定国民经济和社会发展第十四个五年规划和二〇三五年远景目标的建议》提出，"十四五"时期要努力实现城乡人居环境明显改善，乡村振兴战略全面推进，更是引起社会和学术界的广泛关注，并且该问题的研究热点在 2022 年达到最高，相关报道文献有 674 篇。检索的文献主

要集中在政党及群众组织方面，大部分为报纸等传媒，共 796 篇，占 25.17%，其次为农业经济方面，有 694 篇，占 21.94%，第三为环境科学与资源利用方面，有 474 篇，占 14.99%。

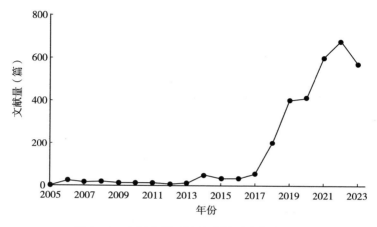

图 1-1　农村人居环境整治课题学术关注度

▶ 二、农村人居环境整治技术现状

1. 原环境保护部"农村环境综合整治"

我国农村环境保护形势严峻，环境问题日益突出。对此，党中央、国务院明确提出要实施"以奖促治"政策，积极推进农村环境综合整治。2008 年，环境保护部联合财政部安排 5 亿元中央农村环保专项资金，支持 700 个村镇开展环境综合整治和生态示范建设，一批突出环境问题得以解决，400 万群众直接受益。环境保护部联合财政部积极推进"以奖促治"政策的实施，在拟定实施方案、建立长效机制、制定规章制度、编制总体规划、安排项目资金、加强监督检查等方面扎实开展工作，确保此项政策取得实效：一是报请国务院办公厅转发了《关于实行"以奖促治"加快解决突出的农村环境问题的实施方案》。二是研究制定农村环境综合整治目标责任制，制定考核评价指标，拟选择部分省会城市和计划单列市开展考核评价试点工作。三是建立了部内推进农村环境保护工作机制，成立了农村环境保护工作协调小组，明确了农村环境保护的重点工作和任务分工。四是联合财政部制定"以奖促治"项目和资金管理办法等规范性文件。五是编制全国农村环境综合整治规划。六是安排落实"以奖促治"资金。七是组织开展"以奖促治"政策落实情况的监查调研。环境保护部组织督查调研小组，分赴各地开展督查调研，督促各地加快实施进度，确保治理取得实效。

2017 年，环境保护部、财政部联合印发《全国农村环境综合整治"十三五"规划》（环水体〔2017〕18 号）（以下简称《规划》）。《规划》明确，到 2020 年，新增完成环境综合整治的建制村 13 万个，累计达到全国建制村总数的 1/3 以上。建立健全农村环保长效机制，整治过的 7.8 万个建制村的环境不断改善，确保已建农村环保设施长期稳定运行。引导、示范和带动全国更多建制村开展环境综合整治。全国农村饮用水水源地保护得到加强，农村生活污水和垃圾处理、畜禽养殖污染防治水平显著提高，农村人居环境明显改善，农村环境监管能力和农民群众环保意识明显增强。结合水质改善要求和国家重大战略部署，"十三五"期间，全国农村环境综合整治重点为"好水"和"差水"周边的村庄，涉及 1 805 个县（市、区）12.82 万个建制村，约占全国整治任务的 92%；其中，涉及国家扶贫开发工作重点县 284 个、建制村 2.46 万个，约占全国整治任务的 18%。农村环境综合整治主要任务包括农村饮用水水源地保护、农村生活垃圾和污水处理、畜禽养殖废弃物资源化利用和污染防治。

2018 年机构改革，整合环境保护部、国家发展和改革委员会、国土资源部、水利部、农业部、国家海洋局、国务院南水北调工程建设委员会办公室有关职责，组建生态环境部。发布实施《农业农村污染治理攻坚战行动计划》，聚焦广大人民群众最关心、最直接、最现实的突出环境问题，推动攻坚战重点任务落地见效。"十三五"以来，生态环境部配合财政部安排资金 222 亿元，支持各地 10.1 万多个村庄开展环境综合整治。

2. 原农业部"农村清洁工程"

2005 年，农业部在湖南、四川、重庆等 6 个省（直辖市）的 30 个村开展了乡村清洁工程试点。乡村清洁工程建设以村为单位，通过促进农村畜禽粪便、农作物秸秆、生活垃圾和污水（三废）向肥料、燃料、饲料（三料）的资源转化，实现经济、生态和社会三大效益（三益）；通过集成配套推广节水、节肥、节能等实用技术和工程措施，净化水源、净化农田和净化庭院，实现生产发展、生活富裕和生态良好（三生）的目标，寓污染防治于农业增效和农民增收之中，从根本上改变了示范村脏、乱、差的局面，推动了资源节约型新农村的建设。

农村清洁工程将按照"减量化、资源化、再利用"的循环经济理念，以建设资源节约型、环境友好型新农村为目标，以实施清洁田园、清洁家园、清洁水源为主线，以农村废弃物资源化利用和农业面源污染防控为重点，推广畜禽粪便、生活污水、生活垃圾、秸秆等生产、生活废弃物资源化利用技术，变废为宝，化害为利，用经济的手段、市场的机制，建立物业化管理模式。

根据我国自然条件和经济水平，原农业部提出了农村清洁工程五大典型建设模式，即"南方稻区三池一沟"模式、"西南山区三池"模式、"中部平原三池一站"模式、"东北两池一站"模式、"西北干旱区两池一窖"模式。

通过实施农村清洁工程，不仅提高了农村废弃物资源化和循环化利用水平，还从根本上控制了农业面源污染，同时又改善了农村人居环境，转变了农民生产生活观念，推动了循环农业发展，提高了农产品竞争力，促进了节本增效和农民增收，并且成为广大农村

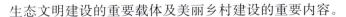

生态文明建设的重要载体及美丽乡村建设的重要内容。

3. 住房和城乡建设部"农村危房改造"

为全面贯彻党的十九大精神，落实《中共中央 国务院关于打赢脱贫攻坚战三年行动的指导意见》的决策部署，完成建档立卡贫困户等重点对象农村危房改造任务，实现中央确定的脱贫攻坚"两不愁、三保障"总体目标中住房安全有保障的目标，2018 年，住房和城乡建设部联合财政部印发《农村危房改造脱贫攻坚三年行动方案》（以下简称《行动方案》），把建档立卡贫困户放在突出位置，全力推进建档立卡贫困户、低保户、农村分散供养特困人员和贫困残疾人家庭等 4 类重点对象（以下简称"4 类重点对象"）危房改造，并探索支持农村贫困群体危房改造长效机制。

《行动方案》从总体要求、重点任务、加强工作管理、强化实施保障 4 个方面进行部署，确保 2020 年前完成现有 200 万户建档立卡贫困户存量危房改造任务，基本解决贫困户住房不安全问题。

关于重点任务，《行动方案》明确，要规范补助对象认定程序。住房城乡建设部门要根据扶贫部门认定的建档立卡贫困户、民政部门认定的低保户和农村分散供养特困人员、残联会同扶贫或民政部门认定的贫困残疾人家庭农户名单开展危房鉴定工作。县级住房城乡建设部门要将居住在 C 级和 D 级危房的 4 类重点对象列为农村危房改造对象。

要建立危房台账并实施精准管理。严格落实"一户一档"要求，逐户建立档案。实行一村一汇总、一镇（乡）一台账的管理制度，并将档案信息录入农村住房信息系统形成电子台账。中央下达的 4 类重点对象农村危房改造任务必须在危房改造台账范围内进行分配，改造一户、销档一户。危房改造完成后，住房城乡建设部门应及时将工程实施、补助资金发放、竣工验收等材料存入农户档案，相关信息录入农村危房改造农户档案管理信息系统后完成销档。

要坚持农村危房改造基本安全要求。各地要制定本地区农村危房改造基本安全的细化标准和基本安全有保障的一般要求。既要防止盲目提高建设标准，也要防止降低安全要求，禁止单独进行粉刷、装饰等与提升住房安全性无关的改造行为。

要明确危房改造建设标准。坚持既保障居住安全又不盲目吊高胃口的建设标准，引导农户尽力而为、量力而行，避免因盲目攀比加重农户经济负担。各地可根据当地的民族习俗、气候特点等实际情况制定细化建设标准。

要因地制宜采取适宜改造方式和技术。坚持农户自建为主的建设方式，因地制宜推广农房加固改造、现代生土农房等改良型传统民居建设经验，丰富改造方式，降低农户建房负担。鼓励通过统建农村集体公租房及幸福大院、修缮加固现有闲置公房、置换或长期租赁村内闲置农房等方式，兜底解决自筹资金和投工投料能力极弱特殊贫困群体基本住房安全问题。

要加强补助资金使用管理和监督检查。严格执行《中央财政农村危房改造补助资金管理办法》，规范农村危房改造补助资金管理和使用，及时足额将补助资金支付到农户"一卡通"账户，防止挤占挪用和截留滞留等问题发生。健全资金监管机制，加强对补助资金使用管理情况的检查力度，及时发现和纠正套取骗取、重复申领补助资金等有关问题。

要建立完善危房改造信息公示制度。落实县级农村危房改造信息公开主体责任。严格执行危房改造任务分配结果和改造任务完成情况镇村两级公开。加大政策宣传力度，制作并免费发放农村危房改造政策明白卡，利用信息化等手段充分发挥群众监督作用。要畅通反映问题渠道，及时调查处理群众反映问题。

4. 国家卫生健康委员会"农村改厕"

1993年5月，全国爱国卫生运动委员会（以下简称"全国爱卫会"）组织了我国首次农村厕所及粪便处理背景调查，在全国29个省份的470个县（市）约78万农户中开展了农户厕所和粪便处理情况的调查。通过此次调查，建立了全国和各省份的数据库，为我国规划农村改厕提供了基础性资料。

1995 年全国爱卫会发出通知要求建立全国农村卫生改厕统计年报制度〔《关于建立全国农村卫生厕所统计年报制度及有关报表事项的通知》（全爱卫办〔1995〕14 号）〕，2001 年后又经国家统计局备案作为国家法定统计工作内容。农村改厕统计年报主要指标增加为 8 个：农村总户数、累计卫生厕所户数、卫生厕所普及率、无害化卫生厕所普及率、累计改厕类型（三格化粪池式、双瓮漏斗式、三联通沼气池式、粪尿分集式、完整上下水道水冲式、双坑交替式、其他类型）的数量、新增无害化卫生厕所户数、累计使用卫生公厕户数、当年用于农村改厕投资及资金来源。修改后的统计报表更便于准确掌握我国农村改厕进度及类型、投资情况。这对掌握农村改厕的底数和进度、科学规划实施农村改厕工作起到了推进作用。通过逐年发布改厕统计年报，促使各地政府重视农村改厕工作，促进了各地农村改厕活动的开展和卫生厕所普及率的提高。

全国爱卫会组织专家参与制定厕所卫生标准，2004 年实施《农村户厕卫生标准》（GB 19379—2003），2012 年修订为《农村户厕卫生规范》（GB 19379—2012），同时编写了《中国农村环境卫生设施低造价手册》《中国农村厕所和粪便无害化处理设施图选》《农村环境卫生与个人卫生》等，并培养了大量的改厕专业人才。

5. 农业农村部"厕所革命"

为贯彻落实中共中央办公厅、国务院办公厅印发的《农村人居环境整治三年行动方案》的总体部署和中央领导同志的有关批示精神，根据中央农办、农业农村部等 8 部委联合印发的《关于推进农村"厕所革命"专项行动的指导意见》的有关分工，经国务院同意，从 2019 年起，财政部、农业农村部组织开展农村"厕所革命"整村推进财政奖补工作。中央财政安排资金，用 5 年左右时间，以奖补方式支持和引导各地推动有条件的农村普及卫生厕所，实现厕所粪污基本得到处理和资源化利用，切实改善农村人居环境。

▶ 三、技术评价方法研究现状

常用的技术评价方法的分类方式有很多，按照评价与所使用的信息特征的关系，可分为基于数据的评价、基于模型的评价、基于专家知识的评价以及基于数据、模型、专家知识的综合评价；按照所依据的理论基础又可以分为专家评价法、运筹学与其他数学评价法、新型评价法、混合评价法（表1-1）。

表1-1　技术评价方法按照所依据的理论基础分为四大类

分类	评价方法	基本原理	适用范围
专家评价法	专家打分法	在定量和定性分析的基础上，以打分等方式作出定量评价，其结果具有数理统计特性	适用于存在诸多不确定因素、采用其他方法难以进行定量分析时
	德尔菲法	将问题发给专家并征询专家意见，然后回收汇总全部专家意见，最终整理出综合意见	各领域
	层次分析法	把定性因素定量化，定性分析与定量分析相结合	各领域
运筹学与其他数学评价法	数据包络分析法	根据多项投入指标和多项产出指标，利用线性规划的方法，对具有可比性的同类型单位进行相对有效性评价	多指标投入和多指标产出的项目决策
	模糊综合评价法	以模糊数学为基础，应用模糊关系合成的原理，将一些边界不清、不易定量的因素定量化，从多个因素对被评价事务隶属等级状况进行综合性评价	各领域

（续）

分类	评价方法	基本原理	适用范围
新型评价法	人工神经网络评价法	一种模拟人脑神经元的计算方法，用于模拟人类大脑神经网络的结构和行为	模式识别、自动控制、信号处理、辅助决策、人工智能
	灰色综合评价法	根据因素之间发展态势的相似程度来衡量因素间关联程度	多目标的项目决策
混合评价法	数据包络分析法＋加权灰色关联分析法	对于一个复杂对象的评价能否准确，不但受所遴选的专家群及描述被评价对象的指标体系的影响，还受所选择的评价方法的影响，对同一组对象使用不同的方法进行评价其结论可能存在较大差异。随着现代评价方法的发展，出现两个或两个以上的评价方法的有机结合，来缩小主观认识和客观实际的差距，可使评价更具科学性和可操作性	多目标的项目决策
	层次分析法＋模糊综合评价法		
	层次分析法＋数据包络分析法		
	层次分析法＋人工神经网络评价法		
	层次分析法＋灰色综合评价法		
	模糊综合评价法＋数据包络分析法		
	模糊综合评价法＋人工神经网络评价法		
	模糊综合评价法＋灰色综合评价法		
	DHGF 集成方法		

▶ 四、评价指标体系建立的依据

通过对相关法律法规和技术标准调研筛选，确定了评价指标体系建立的依据。其中法规政策有 14 条，技术标准有 13 条（表 1 - 2）。

表 1 – 2 评价指标体系建立的依据

法律法规和技术标准	具体名称
法规政策	1.《国家环境保护技术评价与示范管理办法》
	2.《国家环境技术管理体系建设规划》
	3.《中华人民共和国环境保护法》
	4.《中华人民共和国大气污染防治法》
	5.《中华人民共和国水污染防治法》
	6.《中华人民共和国固体废物污染环境防治法》
	7.《中华人民共和国清洁生产促进法》
	8.《中华人民共和国传染病法》
	9.《中共中央 国务院关于实施乡村振兴战略的意见》
	10.《农村人居环境整治三年行动方案》
	11.《中共中央 国务院关于抓好"三农"领域重点工作确保如期实现全面小康的意见》
	12.《关于推进农村"厕所革命"专项行动的指导意见》
	13.《中共中央 国务院关于坚持农业农村优先发展做好"三农"工作的若干意见》
	14.《中央农办、农业农村部、国家发展改革委关于深入学习浙江"千村示范、万村整治"工程经验扎实推进农村人居环境整治工作的报告》
技术标准	1.《污染防治最佳可行技术指南编制导则》(HJ 2300—2018)
	2.《粪便无害化卫生要求》(GB 7959—2012)
	3.《农村户厕卫生规范》(GB 19379—2012)
	4.《农村户厕建设技术要求（试行）》
	5.《农村三格式户厕建设技术规范》(GB/T 38836—2020)
	6.《农村三格式户厕运行维护规范》(GB/T 38837—2020)
	7.《农村集中下水道收集户厕建设技术规范》(GB 38838—2020)
	8.《畜禽养殖业污染物排放标准》(GB 18596—2001)
	9.《畜禽粪便无害化处理技术规范》(GB/T 36195—2018)
	10.《城镇污水处理厂污染物排放标准》(GB 18918—2002)
	11.《污水综合排放标准》(GB 8978—1996)
	12.《生活垃圾处理处置工程项目规范》(GB 55012—2021)
	13.《生活垃圾回收利用技术要求（征求意见稿）》

五、技术路线

本书研究采取的技术路线见图1-2。

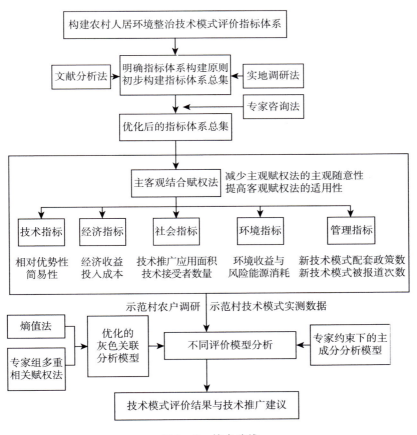

图1-2 技术路线

第二章　指标体系的建立方法

▶ 一、指标选取原则

　　农村人居环境整治是一项大工程，合理的评价整治效率需要建立适宜的指标体系，从而突出所研究内容的总体全面。影响农村人居环境整治的因素是多方面的，其整治面广，内容非常繁多，因此其指标体系层次众多、构成复杂，包含的各子系统之间可能存在相互作用和影响。已有学者围绕农村人居环境，从概念内涵、建设内容、发展水平、综合评价等方面进行了广泛研究。从综合评价对象层面来看，现有研究分别对我国各省份、长江中游城市群、陕西关中地区、皖南旅游区的农村人居环境发展水平进行了测度，为农村人居环境发展水平综合评价奠定了重要基础。本书按照以下原则进行指标的选择：

1. 实效性原则

　　由于研究和数据具有一定滞后性，因此经济、科技乃至环境效益的互动发展需要通过一定时间尺度的指标才能体现，因此在指标选取时需要以发展的眼光对指标进行筛选。除了数据收集时尽量选择面板数据外，还要对政策导向与发展规律有清晰认知。

2. 前瞻性原则

　　农业农村现代化是持续推进的过程，又是阶段发展的结果。农业农村现代化不仅要考虑适合当前中国式现代化发展的需要，还要

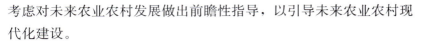

考虑对未来农业农村发展做出前瞻性指导，以引导未来农业农村现代化建设。

3. 科学性原则

指标体系能够客观、真实地反映农村人居环境整治进展情况。所构建的指标体系能够全面且准确地度量不同地区的发展情况，从而使所获得的数据更客观。

4. 综合性原则

农村是个相对复杂的体系，选择的指标必须符合评价农村人居环境整治的情况。本书的指标选择，严格遵循中共中央办公厅、国务院办公厅印发的《农村人居环境整治提升五年行动方案（2021—2025年）》对农村人居环境的整治要求，突出整治重点，并涉及农村环境整治的各个领域和方面。将农村人居环境整治的重点任务都囊括在指标体系之中，形成一个多层次、多方面、重点突出的综合指标体系。

5. 可获得性原则

指标所需要的数据要易获得，除调研取证以外，所有的数据都可以从大数据库中获得，或者可以经过一定的计算获得，以此使得数据能够容易收集和处理。指标体系注重农业农村现代化的结果评价，数据来源以官方发布、现有指标为主，数据要有权威性，指标含义清晰、公认度高，数据收集方便、数据计算简洁，且易于推广，全国各省（自治区、直辖市）可借鉴、可参照。

▶ 二、适用于农村人居环境的分析方法

1. 文献研究法

文献研究法的一般过程包括五个基本环节，分别是提出课题或假设、研究设计、搜集文献、整理文献和进行文献综述。在运用文献研究法时，需要明确以下两个部分：①研究的课题或假设，这可

以通过分析现有的理论、事实和需求来完成。通过对相关文献的分析和整理，可以对文献进行重新归类或研究。②进行研究设计，目的是确立研究目标和方法。在确定研究目标时，需要使用可操作的定义方式将课题或假设的内容转化为具体的研究活动。这样的研究目标应该是可以重复的，以便于验证研究的结果。

具体应用于农村人居环境指标体系的研究时，首先归纳总结国内外文献及各学者观点，对人居环境的定义和范围进行界定，揭示人居环境对个体生活和社会发展的重要作用，以及其与社会经济、文化等因素的关系；其次对不同类型的农村人居环境进行比较和评估，分析城市和农村、发达国家和发展中国家等不同背景下的农村人居环境差异，并提出相应的改善措施和政策建议；最后，探讨农村人居环境与个体幸福感和社会健康的关系，并探讨如何通过改善人居环境来促进社会的可持续发展和增加人民的幸福感。最终的目的是形成一个完整的理论研究框架，因为农村人居环境本身就是一个综合性的概念，涉及居住者的主观感受、物质条件、社会关系等多个方面。

2. 专家打分法

专家打分法是一种基于专业知识和经验的科学方法，旨在评价特定问题或情况的各个方面。这种方法利用专家的专业背景和专业技能，通过对数据、事实和信息进行收集、分析和解释，从而得出准确可靠的评价结果。专家打分法的基本步骤包括确定评价目标、收集相关数据和信息、选择评价指标和方法、选择合适的专家团队、进行评价和分析、得出评价结论，并提供决策支持和建议。在专家打分法中，专家的角色至关重要。他们应具备丰富的知识和经验，并能够将自己的专业知识应用于具体问题的评价中。

专家打分法有许多不同的应用领域，应用于农村人居环境整治技术模式评价的专家打分法具体包括两个方面：一是在确定农村厕所改造、污水处理、垃圾处置综合评价模型的各项指标权重值时，采用专家打分的方式，借助标度法，向负责厕所改造与评价管理研究领域的专业技术人员以及高校相关研究领域的教授、学者发放专家权重打分表，对回收的打分表按照专家打分法的标度进行统计，确定影响指标权重的量化值；二是在收集农村人居环境改造项目的实际运行效果时，采用专家打分的方式，向政府及一线工作人员、参与改造工作的施工者以及相关技术人员、国内改厕治污方面的专业团队，发放专家打分表，对回收的打分表进行单因素隶属度分析，最终确定各项评价指标的得分情况。专家打分法的优势在于可以快速获取准确的评价结果，尤其在缺乏可靠数据或难以进行实地调查的情况下。它还可以提供多种解决方案和决策支持，帮助决策者做出明智的决策。然而，专家打分法也存在一些局限性。由于评价过程中依赖于专家的判断和经验，可能存在主观性和个体差异。此外，专家打分法也对专家的可用性和专业素质有一定要求。

3. 层次分析法（AHP 分析法）

层次分析法是指将一个由许多决策目标组成的复杂问题看作一个系统，把目标按照层次进行整理和细分，建立指标层，通过对定性指标的模糊量化，计算各指标所占权重，并进行排序，从而为决策提供依据的系统分析方法。该方法是 20 世纪 70 年代初，美国萨蒂教授在应用网络系统理论和多目标综合评价方法研究课题时，提出的一种层次权重决策分析方法。层次分析法的特点是在对复杂决策问题的实质、影响因素以及各因素的内在关系等进行深入研究的基础上，将定性信息指标进行量化处理，并结合现成的定量指标，把目标多、定性指标比重大的复杂问题数据化，从而运用数学模型进行简单的决策分析。尤其适合于指标多为定性描述和不确定因素多的场合。而农村人居环境整治综合评价中就存在许多难以量化和不确定的因素，如果直接去掉，会破坏指标体系的完整性，所以可以通过层次分析法，将定性指标模糊量化，从而进行综合效益的评价。

层次分析法主要分为四个步骤：一是将目标层分解成若干子目标（准则层），每一个准则层再对应若干影响因子（执行层），从而构建出阶梯层次的模型；二是构建判断矩阵，利用 Saaty 标度比较各影响因素的重要性程度（表 2-1）；三是确定指标权重，采用归一化法确定各影响因子的重要性排序；四是一致性检验，用以检验指标权重的合理性。

表 2-1　判断标度的含义

Saaty 标度	含义
1	表示两个因素相比，具有同等重要性
3	表示两个因素相比，前者比后者稍重要
5	表示两个因素相比，前者比后者明显重要
7	表示两个因素相比，前者比后者强烈重要
9	表示两个因素相比，前者比后者极端重要
2，4，6，8	表示上述相邻判断的中间值
倒数	因素 j 与 i 比较得判断 a_{ij}，则 i 与 j 比较得判断 $a_{ji}=1/a_{ij}$

层次分析法评价过程见图 2-1。

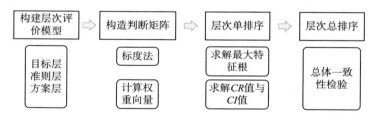

图 2-1　层次分析法评价过程

主要计算步骤：

（1）计算判断矩阵 **A** 每一行元素的乘积：

$$M_i = \prod_{j=1}^{n} a_{ij} \quad (i=1,2,3,\cdots,n)$$

（2）计算 M_i 的 n 次方根：

$$\overline{W}_i = \sqrt[n]{M_i}$$

（3）对向量 $\overline{\boldsymbol{W}} = [\overline{W}_1 \quad \overline{W}_2 \quad \cdots \quad \overline{W}_n]^T$ 归一化：

$$W_i = \frac{\overline{W_i}}{\sum_{i=1}^{n} \overline{W_i}}$$

式中，W_i 为指标权重。

（4）计算两两判断矩阵的最大特征值：

$$\lambda_{\max} = \sum_{i=1}^{n} \frac{(\boldsymbol{A}\boldsymbol{W})_i}{nW_i}$$

（5）判断矩阵一致性指标为 $CI = \frac{\lambda_{\max}-n}{n-1}$，平均随机一致性指标为 RI（表 2-2），一致性比率 $CR = \frac{CI}{RI}$。规定一致性比率 $CR <$ 0.1，则认为该判断矩阵具有满意的一致性。

表 2-2 平均随机一致性指标

阶数（n）	1	2	3	4	5	6
RI	0	0	0.58	0.90	1.12	1.24

利用层次单排序结果，综合得出本层次各因素对上一层次的优劣顺序，最终得到最底层（方案层）对于最顶层（目标层）的优劣顺序，这就是层次总排序。

层次 A 的所有因素 A_1，A_2，…，A_m 的排序结构分别为 a_1，a_2，…，a_m，则可按表 2-3 的方法计算下一层次 B 中各因素对层次 A 的总排序权重。

表 2-3 层次总排序

层次	A_1 a_1	A_2 a_2	…	A_m a_m	B 层次总排序权重
B_1	$b_1^{(1)}$	$b_1^{(2)}$	…	$b_1^{(m)}$	…
B_2	$b_2^{(1)}$	$b_2^{(2)}$	…	$b_2^{(m)}$	
…	…	…	…	…	
B_n	$b_n^{(1)}$	$b_n^{(2)}$	…	$b_n^{(m)}$	

4. 数据包络分析法（DEA 法）

数据包络分析法是一种通过对投入和产出多项指标的研究，采用线性规划的方法度量产出和投入的比率的一种数量分析方法。它可以综合考虑多个决策单元的多种投入和多种产出的效率，通过比较一个特定决策单元的效率和一组性质相似的决策单元的效率确定绩效水平，且它试图使特定决策单元的效率最大化。在日常生产生活中经常会需要依据相同类型单位的投入数据和产出数据对决策单元进行评价。投入数据是指决策单元某种活动中需要投入的某些量，例如投入的人员、资金等。具体到农村人居环境整治可以是投入成本、单位投资占用耕地面积等。产出数据是指决策单元经过一定的生产活动后产生的某些有价值的成果，例如产品数量、利润等。具体到农村人居环境整治可以是整治后产生的收入、边际贡献、企业利润等。根据投入数据和产出数据评价决策单元的优劣，也就是评价企业间的相对效率或效益问题。

数据包络分析法分析过程见图 2-2。

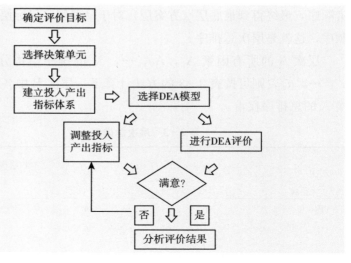

图 2-2　数据包络分析法分析过程

在 DEA 模型中，通常认为技术效率＝纯技术效率×规模效率。若技术效率等于 1，表示该决策单元的投入和产出是综合有效的，即同时技术有效和规模有效；若技术效率＞1，表示技术效率得到了改善；若技术效率＜1，表示技术效率有衰退的迹象。此效率变动表示技术的优劣。农村人居环境整治技术模式评价中如具技术效率≥1，即表明该技术模式在当地的环境下是适宜且有效的；如果技术效率＜1，即表明该技术模式并不适用于当地。

主要计算步骤：

设有 n 个评价对象，它们都拥有 m 种类型的投入（或称消耗的资源和环境因素）和 s 种类型的产出（或称工作成效）。其中第 j 个评价对象的效率定义为：

$$h_j = \frac{\sum_{r=1}^{s} u_r y_{rj}}{\sum_{i=1}^{m} v_i x_{ij}} \qquad (2-1)$$

式中，y_{rj} 为第 j 个被评价对象的第 r 个产出指标值；u_r 为第 r 个产出指标的权重；x_{ij} 为第 j 个被评价对象的第 i 个投入指标值；v_i 为第 i 个投入指标的权重。

也就是说一个被评价对象的效率等于其产出指标值加权和与其投入指标值加权和的比值。这一概念等同于通常所说的综合效益。

在确定一个被评价对象的相对效率时，假定投入指标权重 v_i 和产出指标权重 u_r 是这样的变量，在满足所有被评价对象的效率≤1 的条件下，它们能使得被评价对象的效率值最大化，这个最大值又称为该被评价对象的相对效率。据此优化模型为：

$$\max h_{j_0} = \frac{\sum_{r=1}^{\varepsilon} u_r y_{rj_0}}{\sum_{i=1}^{m} v_i x_{ij_0}}$$

$$\text{s.t.} \ \frac{\sum\limits_{r=1}^{\varepsilon} u_r \, y_{rj}}{\sum\limits_{i=1}^{m} v_i \, x_{ij}} \quad (j=1, \ 2, \ \cdots, \ j_0, \ \cdots, \ n)$$

$$u_r, \ v_i \geqslant \varepsilon, \ \forall_r, \ i \qquad (2-2)$$

式中，h_{j0} 为第 j_0 个被评价对象的相对效率；ε 为一个非负无穷小的数；其余变量意义同模型（2-1）。

模型（2-2）是一个分式线性规划，经过转化，可得到它的对偶模型：

$$\max z_0 - \varepsilon \Big(\sum_{r=1}^{\varepsilon} S_r^+ + \sum_{i=1}^{m} S_i^- \Big)$$

$$\text{s.t.} \ z_0 x_{ij_0} - \sum_{j=1}^{n} x_{ij} \lambda_j - S_i^- = 0$$

$$\sum_{j=1}^{n} y_{rj} \lambda_j - S_r^+ = y_{rj_0}$$

$$i = 1, \ \cdots, \ m$$

$$r = 1, \ \cdots, \ s$$

$$\lambda_j, \ S_i^-, \ S_r^+ \geqslant 0, \ \forall_j, \ i, \ r \qquad (2-3)$$

式中，x_{ij} 和 y_{rj} 的意义同模型（2-1），λ_j、S_i^-、S_r^+ 和 z_0 为对偶变量。若 z_0^*、λ_j^*、S_i^{-*}、S_r^{+*} 为模型（2-3）的最优解，即当 $z_0^* = 1$ 且 $S_i^{-*} = S_r^{+*} = 0$ 时，称评价对象 j_0 为数据包络分析（DEA）有效，即具有技术有效和规模有效，否则称其为 DEA 无效，此时可以计算其在有效生产前沿面上的"投影"：

$$\hat{x}_{ij_0} = z_0^* x_{ij_0} - S_i^{-*} \qquad (i=1, \ \cdots, \ m)$$

$$\hat{y}_{rj_0} = y_{rj_0} - S_r^{+*} \qquad (r=1, \ \cdots, \ s)$$

它为人们提供了被评价对象 j_0 为 DEA 由无效转化为有效时，其投入与产出指标所应达到的目标。

利用模型（2-3）的优化解，可以了解评价对象的规模收益变化情况：

若 $\sum\limits_{j=1}^{m} \lambda_j^* / z_0^* = 1$ ，j_0 的规模收益不变；

若 $\sum\limits_{j=1}^{m} \lambda_j^* / z_0^* > 1$ ，j_0 的规模收益递减；

若 $\sum\limits_{j=1}^{m} \lambda_j^* / z_0^* < 1$ ，j_0 的规模收益递增。

利用数据包络分析法评价 n 个项目相对效率时，需求解模型（2-3）n 次，并至少有一个是相对有效的项目。

5. 模糊综合评价法

模糊综合评价法用以表达事物的不确定性。模糊综合评价法的结果具有清晰性、系统性的特点，能较好地解决定性的、难以量化的问题，适合各种非确定性因素较多的问题。以水产养殖业为例，其社会效益和生态效益评价中很多因素都具有不确定性和难以量化，所以以往对水产养殖业社会效益和生态效益往往采用定性评价的方式。而模糊综合评价法可以克服这些问题，将定性评价转化为定量评价，更加客观地描述水产养殖业所产生的社会效益和生态效益。

模糊综合评价法分析过程见图 2-3。

图 2-3　模糊综合评价法分析过程

模糊综合评价法以模糊数学为基础，运用模糊关系合成原理，将难以定量的因素定量化，对被评价事物隶属等级状态进行综合评价。

主要计算步骤：

设 $U = \{u_1, u_2, \cdots, u_m\}$，$A = \{a_1, a_2, \cdots, a_m\}$，$V = \{v_1, v_2, \cdots, v_n\}$，$S = \{s_1, s_2, \cdots, s_n\}$

则单因素决策模糊映射为：

$$R_i = \{r_{i1}, r_{i2}, \cdots, r_{im}\}$$

U 的所有因素综合判断矩阵：

$$\boldsymbol{B} = A \cdot R = A \cdot (R_1, R_2, \cdots, R_m)^{\mathrm{T}}$$

综合评价的总评分值

$$C = \boldsymbol{B} \cdot S$$

式中，U 为因素集；A 为权重集；V 为评判集；S 为评分集；R_i 为单因素决策模糊映射；$\boldsymbol{B}$ 为 U 的所有因素综合判断矩阵；m 为因素集或权重集的元素个数；n 为评判集或评分集的元素个数；i 为因素集中起作用的因素标志；C 为综合评价的总评分值。

第三章　农村厕所改造技术模式评价

农村卫生厕所的新建与改造，是与广大农村人民群众利益息息相关的日常生活问题。2020年我国全面脱贫的目标胜利完成，党中央紧接着提出了建设美丽乡村、实现乡村振兴和防止返贫的新目标。早在2017年习近平总书记对农村厕所的改造就提出了新内涵：厕所问题不是小事情，是城乡文明建设的重要方面，不但景区、城市要抓，农村也要抓，要把这项工作作为乡村振兴战略的一项具体工作来推进。2019年财政部、农业农村部发布《关于开展农村"厕所革命"整村推进财政奖补工作的通知》，安排70亿元资金支持农村"厕所革命"，确保改厕任务优质高效落实；同时用5年左右的时间，以奖补方式支持和引导各地推动有条件的农村普及卫生厕所，实现厕所粪污基本得到处理和资源化利用。2020年初出台的《中共中央 国务院关于抓好"三农"领域重点工作确保如期实现全面小康的意见》指出，分类推进农村"厕所革命"，东部地区、中西部城市近郊区等有基础条件的地区要基本完成农村户用厕所无害化改造。各地要选择适宜的技术和改厕模式，先搞试点，证明切实可行后再推开。农厕改造与完善对于推动我国乡村振兴、美丽乡村建设以及提升广大人民群众的生活水平有着重要的意义，但当前我国尚未建立具体和量化的农村厕所改造技术模式评价体系，我国关于厕所改造方面的研究大多集中于厕所改造的推进和厕所改造影响因素方面，在技术模式评价方面尚未形成一个统一的标准。

一、现阶段农村"厕所革命"主要技术

在发达国家，冲水马桶和管理良好的卫生系统已经广泛使用了近一百年，而这种处理设施在各个阶段都要投入成本，前期需要建造集中式废水处理系统的基础设施，运行阶段需要收集、运输庞大的排泄物，末端处理过程中耗费人力和能源，这些基本要求给农村社区带来了相当大的财政和环境负担。由此看来，照搬国外厕所的技术、经验、模式并不适合我国现阶段的国情。为"厕所革命"定制"中国方案"，用"东方的智慧"来提升村民的生活质量，改善农村的生态环境，是我们目前面临的迫切需要解决的问题。

2012年发布的《农村户厕卫生规范》（GB 19379—2012）规定了新的改厕技术标准，推荐了包括三格化粪池式厕所、双瓮漏斗式厕所、三联通沼气池式厕所、粪尿分集式厕所、双坑交替式厕所、完整上下水道水冲式厕所6种厕所类型（表3-1，图3-1）。截至2020年底，这6种无害化卫生厕所在农村地区的覆盖率达到了68%（1993年的覆盖率为7.5%），可以说中国在农村地区的厕所改造行动中取得了很大的进步。但是，仍然有5 700万家庭没有自己的厕所，其中4 000万家庭可以选择使用公共厕所，而剩下的1 700万家庭还处在没有厕所可上的尴尬状态。这种状况在西北地区尤为严重。针对缺水地区，生物填料旱厕技术应用较广泛，研究集中于微生物高效降解粪便技术、秸秆替代木屑填料技术、除臭技术等。针对高寒地区，冲水箱与化粪池深埋和节水冲技术、化粪池抗压和保温技术、低温条件下粪便高效降解技术是研究重点，部分技术在我国东北、西北地区得到了推广和应用。但是新技术、新产品还存在成本高、管护复杂、农民使用不习惯等问题，下一步研究将延伸至成本低、管护简单的农村改厕和粪污就地处理一体化技术方面。目前较为公认的厕所改造类型见图3-1。

表 3-1 六种无害化卫生厕所介绍

卫生间类型	示意图	特点	适用区域
三格化粪池式厕所	排气管／排风扇／便器／厕所／出粪口2／过粪管／一级腐化池／一级腐化池出粪口1／二级腐化池／过粪池	该厕所核心部分是用于存储、处理粪污的三格化粪池。其是一种相互连通的池体组成，由三个相互连通的池之间通过过粪管相连。第一池对新鲜粪便进行沉淀和初步发酵，第二池对粪液进行深度厌氧发酵，第三池起储存作用，为后期清淘做准备	三格化粪池式厕所适合我国多数地区使用。最为适用在水资源丰富或者农村自来水普及率高的地区。不建议使用西部干旱缺水地区。寒冷地区建设该类型厕所需注意防冻。水冲型冲水器具，并且需要节水型冲水器具，后期需要清淘管护
双瓮漏斗式厕所	后瓮盖／后瓮／前瓮／便器／厕所／排风扇／过粪管	该厕所是一种结构简单、安装方便、造价较低的卫生厕所。其核心部分是两个瓮形化粪池。在运行正常的情况下，粪便在化粪池内经发酵与分解，流到后段的粪液是很好的有机肥源，配以合适的施肥技术，可用于农业施肥	主要适合土层较厚、使用较低。因造价较低，类肥的地区。只需少量水便可冲厕，在中原、西北地区较常见。由于其所需的冲水量少。在缺水地区可配合高压冲水器使用
三联通沼气池式厕所	压力表／导气管／料液池／储粪池／发酵池／畜圈／厕屋	该厕所是将厕屋、畜圈与沼气池连通起来，畜禽粪尿等排入沼气池共同发酵（发酵）产生沼气的厕所。该厕所粪便无害化效果好、肥效好，沼气主要用于照明，经济效益比较明显	全国范围内，特别适用于气候温暖的中国南部和西部。尤其从事家庭养殖业及果、蔬、茶、作物等种植业，经济效益更为明显

（续）

卫生间类型	示意图	特点	适用区域
粪尿分集式厕所		该厕所是采用专用的粪尿分集式便器，将粪便和尿液分别收集到储粪池和储尿池。粪便需要加覆盖材料进行掩盖除味，并脱水干燥，杀灭病原体，进行无害化处理；尿液存放7~10d，兑水后可直接用于农业施肥	干旱、缺水地区，其中阳光不足的地区尤为适用。也用于寒冷地区居住分散、家庭人口较少的农户，其中烧火类做饭、取暖的地方，草木灰可作为覆盖材料
双坑交替式厕所		该厕所由普通的坑式厕所改造而成，一个厕所由两个厕坑（储粪池）、两个便器组成。两个坑交替使用，当一个被使用时，另一个被储存起来，通过校正碳氮比进行堆肥	主要适用于我国干旱地区，在新疆的黄土高原地区、西藏及东北高寒地区也有应用
下水道水冲式厕所（包括完整上下水道水冲式和农村小型粪污集中处理设施的下水道水冲式）		卫生间与淡水供应管道连接，并连接完整的污水处理排放系统。它对农村基础设施要求较高，一般需要有完整的供水系统、下水道管网和集中处理设施。因此总体成本高	全国各地只要地质、地形、地形、地质条件合适，均可建设应用。主要适合城乡接合部、村民集中居住地、村民用水量较大的地区

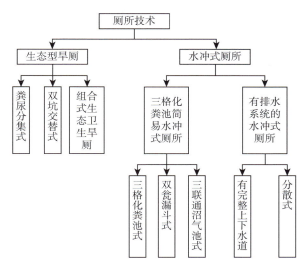

图 3-1 厕所改造的分类

近年来，在研究机构和企业的大力参与下，在这 6 种基本农村卫厕类型的基础上，我国出现了多种改进的类型，如在传统三格化粪池式厕所基础上增加节水高压冲水装置的改进型三格式卫厕，解决了防冻、抗压和清淘困难等问题；在三格化粪池式厕所、双瓮漏斗式厕所和三联通沼气池式厕所基础上嵌入循环水冲、微水冲、真空气冲、源分离免水冲等技术，可实现节约用水和减少污水量的目标；此外还有粪尿分集式生态旱厕、兼有淋浴功能的装配式旱厕、化粪池式简易水冲厕所和智能防冻生态旅游厕所等。

▶ 二、农村厕所改造技术模式评价指标选取

农村厕所改造主要是指农村公厕、户厕的改造以及相关配套措施的建设，旨在提升农村人居环境质量，解决农村厕所存在的卫生问题。《农村人居环境整治三年行动方案》的推出标志着对农村厕所问题的高度重视和有效整治的开始。改造农村公厕和户厕，使其

实现无害化处理，可以有效预防和控制公共传染病的传播。这不仅有助于改善农村人居环境的整体卫生状况，还能提升农村居民的生活质量和健康水平。随着对厕所问题的广泛宣传，公众对公共传染病的危害有了更深入的认识。人们开始意识到不洁的厕所环境可能成为传染病的传播媒介，因此越来越多的人会主动选择那些具备防治功能、更加干净整洁卫生的厕所。这种行为改变，与公众对卫生问题的关注度提高密不可分。公共卫生安全意识的增强推动了农村厕所改造工作的顺利进行，也促进了公共卫生事业的发展。

1. 农村厕所改造效果影响因素的确定

参考掌握的农村厕所改造的实际情况、资料文献、相关政策、规范标准、农村居民生活资料及相关专家学者的论证，本书确定了农村厕所改造效果的 4 个主控影响因素。第一个主控影响因素是粪污处理效果。无害化效果、粪污处理与污水排放以及环境威胁是农村厕所改造中不可忽视的要素。通过采用科学的处理技术，将粪污转化为有机肥料，实现无害化处理，并减少对周边环境的污染是目前业界的共识。第二个主控影响因素是厕所改造用户满意度。农村居民对厕所环境、使用感受以及使用成本的接受程度直接关系到改造效果的可持续性，因此在改造过程中，需要考虑提供舒适、干净的如厕环境，减少使用成本，使农户更愿意接受新型厕所。第三个主控影响因素是厕所新建改建过程。厕所的空间布局、结构、便于实施以及环境恢复情况对于改造的效果有着重要影响。改造过程中，要考虑科学合理的空间布局和结构设计，以及便于实施的施工方案，要根据实际经济情况，合理控制成本，并考虑可持续发展的长远利益，保证改造工作的顺利进行，并促进环境的恢复与保护。第四个主控影响因素是厕所设备维护管理。厕所设备的维护和管理方便性、日常消耗、信息化程度以及制度与人员配置都是农村厕所改造过程中需要考虑的因素。合理的维护管理措施能够延长设备的寿命，减少维修费用，并保障厕所的正常使用。综合考虑这些影响因素，可以有效指导农村厕所改造工作的实施，实现农村卫生环境的改善和人民群众的生活质量提升。

2. 模糊综合评价方法中权重的确定

在确定农村厕所改造技术模式评价指标体系的时候，指标必须与目标相对应。农村厕所改造技术模式评价的指标较多，并且每一个指标都受到多个因素的影响，形成了一种"指标多、因素多"的复杂评价模式。为了解决这个问题，笔者采用层次分析法，将与目标有关的元素分解成目标、效果（准则）、指标等层次，并以此为基础对目标进行定性和定量分析，从而达到为复杂目标提供简单决策参考依据的目的。针对农村厕所改造技术模式评价这个复杂庞大的系统，在建设目标和评价指标之间设置若干级过渡环节，将指标体系分为三层：目标层（零级指标）、准则层（一级指标）、指标层（二级指标）。通过这种层次结构的设计，可以更好地理清各个指标的重要性和指标之间的关系，从而进行系统化的评价分析。具体来说，目标层是最高级别的指标，它反映了农村厕所改造的总体目标，例如提高农村厕所的使用率、改善卫生环境等。准则层是在目标层下一级的指标，它们用于对目标进行进一步的细分和具体化，如厕所的安全性（比如化粪池是否跑冒滴漏、是否定期清淘等）、便利性（比如在改造过程中是否影响村民正常生活，改建过后能否正常使用等）、环保性（比如是否有管护，粪污能否资源化利用等）等。指标层是最底层的指标，它们用来具体度量每个准则层指标的实际表现，如厕所设施的完善程度、卫生状况等。通过这种层次结构的设计，可以使评价指标之间具有明确的关系和优先级，有助于进行农村厕所改造效果的综合评价。同时，还可以根据具体情况对指标进行权重分配，以反映各个指标的重要性和影响程度。总之，在农村厕所改造效果评价中，构建一个合理的指标体系是非常重要的，它能够帮助评价人员更好地理解和分析改造效果，并为决策提供参考依据。

根据农村厕所改造技术模式评价指标体系建立的科学性、系统

性、综合性、层次性和人本性原则，通过理论分析和专家咨询，将
该体系分为目标层、准则层和指标层 3 个层次，包括粪污处理效
果、厕所改造用户满意度、厕所新建改建过程、厕所设备维护管理
4 个指标的准则层，并将其再逐一分层细化，形成包含 11 个指标
的指标层，最终形成包含 16 个评价指标的农村厕所改造技术及粪
污处理综合评价体系（表 3-2）。由于各个指标的作用不同，对农村
厕所改造技术模式评价的影响程度有一定的差异，为了区分各指标间
的差异性，结合专家咨询，给出各个层次各个目标的相对权重值。

表 3-2　农村厕所改造技术模式评价指标体系的层次

目标层	准则层	指标层	评价内容
农村厕所改造 技术模式 评价指标体系	粪污处理效果	无害化效果	是否规范使用无害化设施
		资源化利用率	粪尿资源转化、农业利用情况
		环境影响	使用过程是否会造成土壤、空气、水体的污染
	厕所改造用户满意度	如厕环境	有无臭气、蚊蝇等情况
		正常使用	操作是否简单，能否长期正常使用
		水电成本	是否在农户可接受范围内
		厕屋布局	空间是否合理，有无洗手池等设施
	厕所新建改建过程	建设成本	建设是否省时省力，是否节省施工成本
		降本低碳	能源消耗低，费用花费少
	厕所设备维护管理	清淘费用	农户是否可接受
		监管人员	是否建立社会化清淘管护机制

▶ 三、评价过程

1. 数据来源

根据相关资料确定影响农村厕所改造效果的因素，采用专家咨询打分的方式给出这些因素的量化值。参与咨询打分的专家包括进行厕所改造、管理的一线人员，以及高校相关领域的教授学者等。他们根据自己的现场调研、实践经验和科学研究经历，对各个影响因素进行打分量化，然后将这些得分统计起来，以便进行各因素之间的总分对比，最终形成专家对各影响因素的判断矩阵。笔者分别向华南、华北、西南、西北、东北等地区从事农村厕所改建的一线基层人员发放了 80 份评分问卷，并成功回收了 72 份；向中国农业大学、中国农业科学院、中国科学院等单位的教师及科研工作者发放了 65 份评分问卷，并成功回收了 65 份。按照专家打分法的标度对这些回收问卷进行了统计处理。

2. 建立递阶结构层次模型

以本章前述建立的农村厕所改造技术模式评价指标体系为基准，目标层为农村厕所改造技术模式评价；准则层为粪污处理效果、厕所改造用户满意度、厕所新建改建过程、厕所设备维护管理；指标层为无害化效果、资源化利用率、环境影响、如厕环境、正常使用、水电成本、厕屋布局、建设成本、降本低碳、清淘费用、监管人员 11 个指标。建立的层次模型如图 3-2 所示。

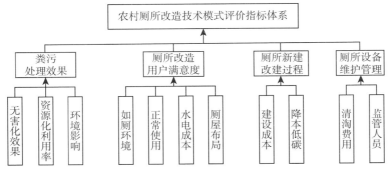

图 3-2　递阶结构层次模型

3. 建立判断矩阵

在递阶结构层次模型建立后，上下层次之间元素的隶属关系就被确定了，接下来需要建立判断矩阵。判断矩阵是层次分析的核心内容，构造的判断矩阵不同，最后得到的农村厕所改造技术模式评价指标体系各个指标权重大小不一样。本章采用两两比较法，引入合适的标度将指标定量化。即将同层次下的两个因素两两比较，引用 1～9 和其倒数进行标度，由此构造判断矩阵，以便对准则层各影响因素的重要性进行评判。当然，本章最后所得到的各个指标的权重不是绝对的，可以根据实际情况进行调整。

4. 一致性检验

对成对判断矩阵利用和积法进行计算后，得到各指标的特征向量 AW、相对应的权重 W 及最大特征值 $\lambda_{\max}$。建立完判断矩阵，为了解决排序权重的计算问题，需要检验各个层次计算出来的权向量是否合理，这时要进行一致性检验计算。主要包括最大特征值 $\lambda_{\max}$、一致性指标 CI、一致性比率 CR 的计算。通常情况下，CR 值越小，说明判断矩阵一致性越好，当 $CR < 0.1$ 时，则认为一致性得到满足；如果 $CR > 0.1$，则说明不具有一致性，应该对判断矩阵进行适当调整之后再次进行分析。

$$\lambda_{\max} = \sum_{i=1}^{n} \frac{(AW)_i}{nW_i} \qquad (3-1)$$

$$CI = \frac{\lambda_{\max} - n}{n-1} \qquad (3-2)$$

$$CR = \frac{CI}{RI} \qquad (3-3)$$

其中 RI 值可查询表 3 - 3 得到。

表 3 - 3　*RI* 值对应表

n	3	4	5	6	7	8	9	10	11
RI	0.58	0.90	1.12	1.24	1.32	1.41	1.45	1.49	1.51

5. 计算层次总排序

通过对判断矩阵进行特征值和特征向量的计算，可以得到最大特征值对应的特征向量。这个特征向量就是单层次排序的结果，它表示在某一层次上各个因素的重要性排序。单层次排序是指在对上一层某个因素进行评估时，本层次内各个因素的重要性排序。换句话说，它是在某一层次上，对各个因素进行相对重要性的比较和排序。这个过程可以更好地理解各个因素之间的关系，并为后续的总层次排序提供基础。总层次排序是指确定某层所有因素对于总目标相对重要性的排序权值过程，是从最高层开始，逐层向下进行计算。

6. 权重结果分析

由上述计算可得到某地区完整的农村厕所改造技术模式评价指标体系权重层次图。

层次分析法通过对各因素或指标之间的相对重要性进行定量分析，从而得出它们相对于某一指标的权重。这种方法强调的是因素或指标的相对重要程度，倾向于评估它们的贡献度或重要性，不能直接或客观地看出农村厕所改造效果的评价情况，所以还得运用模糊综合评价法继续分析，来建立一个包含多个评价指标的评价体系，如厕所的安全性、卫生条件、使用便利程度等。然后，根据实际情况给出每个评价指标的模糊评价集，即模糊数值，再利用模糊数学方法计算得出各指标的权重，并进行综合评价，得出农村厕所改造技术模式的评价结果。由于此处需要实际调研数据作为支撑，因此实例计算参照第六章。

第四章　农村生活污水处理
技术模式评价

　　农村生态环境提升是当前生态环境建设工程的主要内容，而生活污水管控又是农村人居环境提升的重点工作。2015 年，中央政治局常务委员会会议审议通过《水污染防治行动计划》（水十条），目标包括到 2020 年，全国水环境质量得到阶段性改善，污染严重水体较大幅度减少。"十四五"规划中指出，要梯次推进农村生活污水治理。2022 年 1 月发布了《农业农村污染治理攻坚战行动方案（2021—2025 年）》，行动目标包括到 2025 年，农村生活污水治理率达到 40％，并且提出的主要任务有以解决农村生活污水等突出问题为重点，提高农村环境整治成效和覆盖水平。我国农村生活污水的治理，要以习近平新时代中国特色社会主义思想为根本遵循，牢固树立绿水青山就是金山银山的生态发展理念。围绕农村人居环境整治总目标，立足本地农村实际情况，选择适宜治理模式，加大对农村生活污水治理的投入，切实改善当地农村人居环境。

　　随着农村现代化建设进程的加快，农村人民生活质量和水平不断提高，农村生活污水的排放量也日益增加，导致农村水污染问题日趋严重。第七次全国人口普查时农村常住人口为 50 979 万人，占全国总人口数的 36.11％，根据不同的村庄类型，农村人均用水量可以划分为 5 个等级（表 4 - 1），再根据污水排放系数，以及人均排污按照 30～40L/d 计算，则可估算出我国农村每年产生的生活污水高达 61.7 亿～90.3 亿 t。

表 4-1　农村居民用水量参考取值

村庄类型	人均用水量（L/d）	备注
经济富裕（厨卫设施齐全）	125～155	
经济较富裕（厨卫设施较齐全）	95～125	
经济一般（厨卫设施较简易）	85～110	排放系数取用水量的 40%～80%
经济较差（厨卫设施简易）	70～100	
经济差（无厨卫设施）	20～70	

　　大部分农村地区没有完整的排水渠道和系统化的污水处理设施，且难以利用污水管网进行统一收集处理，使得目前我国农村生活污水治理受益人群占比仍然较低。图 4-1 列出了我国各主要区域（不含港澳台及西藏地区）对生活污水进行处理的行政村比例。其中东部地区包括北京、天津、辽宁、河北、上海、江苏、浙江、福建、山东、广东和海南；中部地区包括吉林、黑龙江、山西、安徽、江西、河南、湖北和湖南；西部地区包括内蒙古、广西、重庆、四川、贵州、云南、陕西、甘肃、青海、宁夏和新疆。由图 4-1 可知，全国对生活污水进行处理的行政村比例仅为 20% 左右，表明大多数农村地区尚未开展生活污水处理。三大区域对生活污水进行处理的行政村比例存在明显差异，其中东部地区为 28.19%，远高于中部地区的 14.80% 和西部地区的 13.56%，表明中部地区和西部地区农村生活污水处理较为滞后。

　　农村地区生活污水表现为总量大，但村庄分布分散，地理条件复杂，单个村庄常住人口不多，户均废水产生量小，污水排放不连续，且昼夜变化大，工作日与节假日变化大，同时随着社会经济的不断发展，特别是城镇化进程不断加快，许多农村都开展了除农业以外的其他产业的生产。不同地区的产业、经济条件、生活习惯、资源禀赋不同，相应地产生了具有不同特点的生活污水（表 4-2），

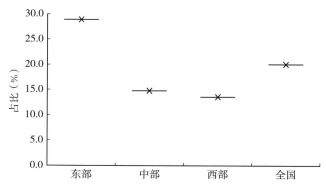

图 4-1　各地区对生活污水进行处理的行政村比例

比如耕作型的村庄生活污水呈现出排放量适中、污水成分较为简单的特点，往往采用化粪池处理方式对生活污水进行处理，并将处理之后的污水作为肥料施入耕地；养殖型村庄的生活污水呈现出排放量大、污水有机物含量较高的特点，在处理时，结合养殖户的具体情况进行分散处理或集中处理，其中最常见的就是沼气池处理方式；旅游型的村庄生活污水随旅游的淡旺季呈现季节性变化，同时其污水排放往往集中在特定的区域或设施，如酒店、景区等，造成了排放点的集中和密集，一般也采用污水集中处理方法。

表 4-2　我国各地区农村生活污水水质状况

地区	pH	固体悬浮物 （mg/L）	化学需氧量 （mg/L）	生化需氧量 （mg/L）	氨氮 （mg/L）	总磷 （mg/L）
东北	6.5～8.0	150～200	200～450	120～180	20～50	2.0～6.5
华北	6.5～8.0	100～200	200～450	140～220	20～50	2.0～6.5
西北	6.5～8.5	100～300	100～450	50～300	30～50	1.0～6.0
东南	6.5～8.5	100～200	70～300	150～400	20～50	1.5～6.0
中南	6.5～8.5	100～200	100～300	60～150	20～80	2.0～7.0
西南	6.5～8.0	150～200	150～400	100～150	20～50	2.0～6.0

　　我国农村污水处理大多是厕所污水和生活杂排水混合处理，目前主要有整村集中收集处理、少数几户分散收集处理、纳入管网收集处理等技术模式（表4-3），然而均面临非稳态条件下稳定达标的技术难题。处理设施小型化、无动力技术及高效微生物膜技术等是目前研究的重点。

表4-3　农村不同污水收集方式比较

收集模式	一般做法	适用情况
整村集中收集	铺设污水收集管网，所有住户污水统一收集进入村镇一级独立的污水处理站	地势平缓，集中居住
少数几户分散收集	单户或规划相邻的几户铺设污水处理设施设备	地势高低错落，分散居住
纳入管网收集	污水收集接入市政管网，进入污水处理站统一处理	靠近城市，城镇化程度较高

　　根据农村生活污水产排特点，将厕所污水与生活杂排水分质处理，利于实现农村污水达标排放和厕所粪污资源化利用。随着农村环境污染的加重以及乡村振兴战略的提出，近年来与农村生活污水治理相关的研究大量涌现，但大多专家学者研究侧重的是治理模式、治理技术和方法、影响因素等方面，对农村生活污水治理评价方面的重视不足。农村生活污水治理技术模式评价是进行农村生活污水治理的关键，方便对农村生活污水治理技术模式做出整体性的描述。2014年国家发展改革委发布了《中央政府投资项目后评价管理办法》，办法规定在开展项目后评价时，要运用规范、科学、系统的评价方法和指标将项目建成后所达到的实际效果与项目的可行性研究报告、初步设计（含概算）文件及其审批文件的主要内容进行对比分析。一般在项目后评价中采用定性和定量相结合的方法，用一定的评价标准，将定性指标定量化。同时，采取多种评价

方法对所要做评价的项目进行验证，可以得到更为准确的评价结果。因此，本章结合农村生活污水治理的特殊性，以技术模式的效率和效果为重点，并且在参阅大量文献的基础上，构建评价指标体系。

▶ 一、我国农村生活污水处理技术模式现状

1. 农村生活污水

农村生活污水主要是指农村居民生活所产生的污水，点多且排放分散，排水量相对较小，且随时间和季节变化，呈间歇式排放、瞬时变化较大的特点，主要来源为以下两个方面：①厕所污水，主要成分为有机物、磷元素、氨氮，会导致水中的化学需氧量升高，甚至还可能含有致病微生物；②洗涤、洗浴和厨房等生活杂排水，主要成分为淀粉、蛋白质、油水混合物、氮元素、磷元素等，易造成水体富营养化并导致水体中的生化需氧量、化学需氧量和悬浮物含量增高。总体来说，就是污染物浓度较低、种类简单，重金属和有毒有害物质含量较低，水质波动较大。未经处理的农村生活污水随意排放，会严重污染环境，危害健康；经处理后排放的生活污水，也要符合《农村生活污水处理排放标准》，其主要控制指标为 pH、悬浮物、化学需氧量、氨氮、总磷、总氮、动植物油等。

2. 农村生活污水主要处理工艺

依据处理技术工艺原理，我国常见的农村生活污水处理技术主要分为生态处理技术、生物处理技术及生态处理＋生物处理组合技术。农村生活污水治理应根据排放标准要求，结合自然环境、经济发展水平、村庄区位条件、排放去向、资源利用需求等，因地制宜，选择合适的处理技术。

（1）生态处理技术。生态处理技术常见的有人工湿地、氧化

塘、土地渗滤系统及生态组合处理工艺等（表4-4），可以通过适当改造农村池塘、河道、闲置土地等进行建设。主要适合人口分散、污染负荷较低、生态环境容量较大、土地相对充足的地区。

表4-4 主要生态处理技术及其优缺点

生态处理技术	设计	优点	缺点
土地渗滤系统	将污水投配到具有一定构造、良好渗透性能的土壤中，在毛管浸润和土壤渗滤的作用下，利用土壤-微生物-表层植物协同去除有机物、氮磷等污染物质	利用原土的自然净化能力，投资与运行成本低，管理简单便捷，在国内外农村地区得到了广泛应用	通常面临堵塞、地下水及土壤二次污染等问题，其中填料的堵塞问题是影响其运行的关键。约有70%的土地处理系统面临经常性地开挖修整、更换填料甚至运行瘫痪等问题
人工湿地	利用土壤、砂石或人工填料构成填料床，同时搭配不同类型水生植物，通过填料吸附、植物吸收和附着微生物降解协同作用实现污染物的高效去除	具有建造和运行费用低、易于维护管理等优点	处理效果受气候影响较大，在冬季低温条件下处理效果差。同时人工湿地在投入使用一段时间后，填料间隙会出现不同程度的堵塞，缩短其运行寿命。人工湿地系统中生物和水力复杂，常导致其设计运行参数出现偏差，使得许多农村地区的人工湿地成为新的污染源
氧化塘	有机物、氮磷等污染物质的去除主要通过藻类与细菌之间的协同作用	具有结构简单、建设与运行费用低、可形成生态景观等优势	存在占地面积大、易散发臭味、受气候条件影响大等缺陷
生态组合处理工艺	由于单一的生态处理技术对环境条件、气候、水质波动等抵抗能力较弱，同时生态处理系统在运行过程中不能精确调控，难以保持长期稳定运行，因此在实际应用中更多地采用多级生态组合处理工艺。比如生化池-植物-碎石过滤床、多功能接触氧化塘-沉水涵养塘、蚯蚓生态滤池-人工湿地联用等工艺		

（2）生物处理技术。生物处理技术常见的有生物接触氧化法、A/O或A²/O法、SBR法等。生物接触氧化法是一种利用微生物

对有机物进行降解的方法。在这个过程中，废水与微生物接触，微生物通过吸附和降解作用将废水中的有机物转化为无机物，从而实现废水的净化。生物接触氧化法广泛应用于城市污水处理厂和工业废水处理系统中，其效果稳定且运行成本较低。A/O法是指同时利用厌氧和好氧过程进行废水处理的方法。在A/O法中，废水首先经过好氧区进行氧化处理，然后进入厌氧区进行脱氮和除磷。这种方法能够高效地去除废水中的有机物和氮、磷等污染物，具有处理效果好、运行稳定等优点。SBR（顺序批处理反应器）法是一种周期性运行的生物处理技术。SBR法将废水处理过程分为多个阶段，包括进水、好氧反应、沉淀、排泥和静置等。通过合理控制每个阶段的时间和操作条件，SBR法能够实现废水的高效处理。此外，SBR法还具有灵活性强、适应性广等特点。这些技术各有特点，可以根据不同的废水水质和处理要求进行选择和应用。

（3）生物处理＋生态处理组合技术。生物处理＋生态处理组合技术如生物接触氧化法＋土地渗滤系统、A/O法＋人工湿地、SBR法＋土地渗滤系统等，能够缓解单项技术的不足，增加系统稳定性，提升治理效果。主要适合生态环境较为敏感、出水水质要求高的地区。我国农村情况复杂，污水处理系统治理效率要以当地基本需求为主。在选择处理工艺时，需要兼顾当地的经济条件和环保要求。为保证各村庄采用的污水处理模式为最优，已有学者利用各种评价方法，对农村生活污水技术选择进行评价研究。比如有学者认为农村生活污水处理是否妥善并不在于处理技术本身，关键是能否与当地农村居民基本生活情况、地形地貌等基础条件结合，做到因地制宜。也有学者认为农村地区居民居住点分散且受经济条件限制，农村生活污水处理技术模式必须遵循经济、高效和简便易行的原则，即要求污水处理设施运行和维护管理费用低廉，处理工艺简单，同时保证污水处理效果。

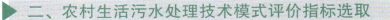

二、农村生活污水处理技术模式评价指标选取

　　构建农村生活污水处理技术模式评价指标体系的目的在于为农村地区提供一套全面、合理的评价工具，用以评估和指导农村生活污水的处理效果与管理效率。这一体系不仅有助于改善农村环境质量，保障公共卫生安全，还对促进资源的合理利用和可持续发展具有重要意义。建立农村生活污水处理技术模式评价指标体系，首先要明确评价指标体系构建的目标和需求，包括考虑当地的环境特点、经济发展水平、技术条件等因素，然后根据需求分析的结果，选择能够反映农村生活污水处理效果的关键指标，如处理效率、排放标准、运行成本、环境影响等，将筛选出的指标按照一定的逻辑结构进行组织，形成一个完整的评价指标体系，最后对各个指标根据其重要性分配权重，确保评价结果的准确性和公正性。在实际的农村生活污水处理项目中应用已有的评价指标体系，需要收集数据进行验证和测试，以确保评价指标体系的有效性和可操作性，同时根据实际应用中的反馈不断调整和完善评价指标体系，使其更加适应农村生活污水处理的实际情况。通过上述步骤，可以构建出一个科学、合理、可操作的农村生活污水处理技术模式评价指标体系，为农村环境保护和可持续发展提供有力支持。

1. 评价指标的确定

　　在构建农村生活污水处理技术模式评价指标体系时，根据方法原理，首先，需要确定评价目标层的指标，即最想体现基本特点的方面和最想解决的问题。其次，设定准则层的指标，明确农村生活污水处理技术模式评价指标体系的重点关注问题。最后，确定影响农村生活污水处理效果的因素，并将其设为评价指标层的指标。通过构建的评价指标体系和递进的指标层次关系，逐步解决上述问题。影响农村生活污水处理技术模式评价的因素很多，即可以纳入评价指标体系的指标很多。然而，如果将所有这些指标都纳入评价指标体系，那么评价指标体系将会非常庞大和复杂，操作不便。因此可以将指标分为定量指标和定性指标两大类。定量指标包括建设费用、运行成本、运维费用、设计年限、土地费用等；定性指标包括能否带动当地产业发展、是否改善了当地农村及河流生态环境等。分析现有文献后，本节整体以技术效率、经济效益、社会效益、生态效益（准则层）这四个方面为切入点，再根据各自评价内容及主要目的设置指标层。为保证模型最终的准确性，进一步对评价指标体系进行筛选和优化，运用专家咨询法发放问卷，最终确定指标层。本节指标评价共计邀请了 22 位工作经验丰富、工作 10 年以上、具有本科及以上学历的相关领域一线工作者及专家，实际收回 21 份问卷。通过咨询一线工作者及专家意见，结合相关文献，在保证各指标科学性、实际性、全面性的前提下，构建如下评价指标体系（表 4 - 5）。

2. 评价过程

本书尽可能多地使用不同的评价方法对农村人居环境评价的各个方面进行演示，因此本节采用熵值法确定农村生活污水处理技术模式评价指标权重，计算综合得分进行评价。

（1）熵值法的基本原理。熵值法是一种依据各指标值所包含信息量的多少来确定指标权重的客观赋权法。在信息论中，熵是对不确定性或随机性的一种度量。不确定性越大，熵值越大；反之，不确定性越小，熵值越小。因此，如果某一个评价指标的信息熵较小，表示该系统的无序化程度较小，指标所提供的信息量反而较多，并且在整个系统的评价中所扮演的角色也较大，指标权重也应该越高；相反，如果某一个评价指标的信息熵较大，系统的无序化程度较大，则该指标提供的信息量反而越少，并且在整个系统的评价中所扮演的角色也较小，指标权重也应该越低。这种方法是一种客观赋权法，避免了人为因素带来的偏差。

（2）指标值的确定。定性和定量指标划分为 5 个等级，指标数值的确定采用专家打分法（表4-6）。

表4-5　农村生活污水处理技术模式评价指标体系的层次

目标层	准则层	指标层	评价内容
农村生活污水处理技术模式评价指标体系	技术效率	工艺实用性	是否因地制宜契合当地经济文化及资源禀赋
		污水处理总量	能否满足设计区域污水处理量
		出水水质	总磷、COD、总氮等去除率
		抗冲击性	用水高峰或低谷能否稳定运行
		稳定运行	是否适应天气变化，污泥是否长期保持活性
		设计年限	>5年
		低碳节能	包括污泥处置、水池消毒、尾水排放、噪声与臭气的控制等
	经济效益	建设费用	建设面积、土地费用等项目投资
		运行成本	单位水量耗费的能源及人工成本
		运维费用	包括各种服务耗能及管理费用
	社会效益	村民生活条件改善	带动当地产业发展、村民就业
	生态效益	河流水质改善	改善农村生态环境，提升农户生活质量

表4-6　农村生活污水处理技术模式评价指标专家打分表

指标	>8	>6~8	>4~6	>2~4	0~2
工艺实用性	好	较好	一般	较差	差
污水处理总量	多	较多	一般	较少	少
出水水质	好	较好	一般	较差	差
抗冲击性	好	较好	一般	较差	差
稳定运行	好	较好	一般	较差	差
设计年限	>20	>15~20	>10~15	>5~10	≤5
低碳节能	好	较好	一般	较差	差
建设费用	低	较低	一般	较高	高

（续）

指标	>8	>6~8	>4~6	>2~4	0~2
运行成本	低	较低	一般	较高	高
运维费用	低	较低	一般	较高	高
村民生活条件改善	多	较多	一般	较少	少
河流水质改善	多	较多	一般	较少	少

（3）数据的预处理。原始数据归一化：为了使不同量纲的数据能够进行比较，需要对原始数据进行标准化处理。

正向指标的标准化公式为：

$$X'_{ij} = \frac{X_{ij} - \min X_{ij}}{\max X_{ij} - \min X_{ij}} \qquad (4-1)$$

该公式所得数值越大，表示指标选取的情况越好。

负向指标的标准化公式为：

$$X'_{ij} = \frac{\max X_{ij} - X_{ij}}{\max X_{ij} - \min X_{ij}} \qquad (4-2)$$

该公式所得数值越小，表示指标选取的情况越好。

式中，X'_{ij} 为第 i 个样本第 j 个指标的标准化数值；$i=1,2,3,\cdots,n$（n 为样本个数）；$j=1,2,3,\cdots,m$（m 为评价指标个数）。$\max X_{ij}$ 和 $\min X_{ij}$ 分别为第 i 个样本第 j 个指标的最大值和最小值。

（4）对归一化的数据进行非负处理。由于经过归一化处理后的数据存在 0 值，而熵值法中对数函数的应用要求不能出现 0 值，为了避免熵值法分析过程中出现无意义的对数，首先采用平移法将数据进行平移：

$$X^*_{ij} = X'_{ij} + 0.01 （偏移量可以自由调节） \qquad (4-3)$$

式中，X^*_{ij} 为标准化平移处理后的数据。

（5）指标熵值和信息效用值。第 j 个指标的熵值 e_j 和信息效用值 d_j 的计算方法如下：

$$e_j = -k \sum_{i=1}^{n} X_{ij}^* \ln(X_{ij}^*)$$

$$k = \frac{1}{\ln(n)}$$

$$d_j = 1 - e_j \qquad (4-4)$$

（6）确定指标权重。第 j 个指标的权重 W_j 的计算方法如下：

$$W_j = \frac{d_j}{\sum\limits_{i=1}^{n} d_j} = \frac{1 - e_j}{n - \sum\limits_{i=1}^{n} e_j} \qquad (4-5)$$

每个指标的权重由指标的信息效用值确定，信息效用值越大，指标的权重越大。

（7）计算综合评价得分。第 i 个样本的综合得分计算方法如下：

$$S_i = \sum_{j=1}^{m} W_j X_{ij}^* \qquad (4-6)$$

S_i 越大，表明在这个评价系统中该样本的综合得分越高，情况越好。

由于计算需要具体数值，因此本章暂不做计算，只列出一般步骤。

第五章 农村生活垃圾处置技术模式评价

　　加强农村生活垃圾治理，改善乡村人居环境，是实施乡村振兴战略的重要内容。2015 年，住房和城乡建设部等 10 个部门发布了《关于全面推进农村垃圾治理的指导意见》，提出到 2020 年全面建成小康社会时，全国 90％以上村庄的生活垃圾得到有效治理，实现有齐全的设施设备、有成熟的治理技术、有稳定的保洁队伍、有长效的资金保障、有完善的监管制度。2019 年，住房和城乡建设部又发布了《关于建立健全农村生活垃圾收集、转运和处置体系的指导意见》，要求积极配合农业农村部门在收运处置体系前端开展村庄保洁和垃圾分类，配合推动易腐烂垃圾就地就近堆肥处理，灰渣土、碎砖旧瓦等惰性垃圾在村内铺路填坑或就近掩埋，可回收垃圾纳入资源回收利用体系，有毒有害垃圾单独收集、妥善处置，实现农村生活垃圾分类减量，有效减少需外运处置的农村生活垃圾量和外运频次。2020 年中央 1 号文件《中共中央 国务院关于抓好"三农"领域重点工作确保如期实现全面小康的意见》提出全面推进农村生活垃圾治理，开展就地分类、源头减量试点。2021 年中央 1 号文件《中共中央 国务院关于全面推进乡村振兴加快农业农村现代化的意见》提出实施农村人居环境整治提升五年行动，有条件的地区推广城乡环卫一体化第三方治理，深入推进村庄清洁和绿化行动，开展美丽宜居村庄和美丽庭院示范创建活动。并在同年第十三届全国人民代表大会常务委员会第二十八次会议上通过《中华人民共和国乡村振兴促进法》，该法律的实施为全面实施乡村振兴战略提供了法律保障。在《中共中央 国务院关于做好二〇二二年全面推进乡村振兴重点工作的意见》中也提出了推进生活垃圾源头分类减量，加强村庄有机废弃物综合处置利用设施建设，推进就地利用处理的工作意见。

随着工业化、新型城镇化和农牧业现代化不断推进，村镇聚落经济规模扩大、生活水平持续提高，每年都会产生大量的生活垃圾。有文献表明，我国农村生活垃圾每年的产生量超过 1 亿 t，未做任何处理的垃圾达到 70%以上。然而由于农村地区村民居住点分布较为零散以及建设资金长期短缺，生活垃圾处置面临技术产品不成熟、设施配置滞后、集中治理服务覆盖范围不足等巨大挑战。一方面农村居民生活垃圾产生量和组分特征发生根本性变化，导致垃圾末端处理不当而致使地下水、土壤、空气污染等环境问题频发；另一方面，农村居民点生活垃圾无序堆放、随意处理以及城市垃圾处理设施在农村地区建设难度大、运维成本高等问题仍未解决。目前在农村生活垃圾处置方面主要采用"村收集、镇转运、县处理"模式，多数农村仍是混合收集处理，未对可回收垃圾和有机垃圾进行充分的减量化处理和资源化利用。部分地区也只是做简单的二级、三级分类。近些年有与生活垃圾静态堆沤、好氧动态堆肥和厌氧发酵相关的零星报道，相关处理装备也在不断优化。然而，我国农村生活垃圾成分复杂、分布较分散，且区域差异较大，经济发展不一，单一处理技术模式无法满足差异化需求。如何将农村复杂生活垃圾统筹协同处置，提升处置效率及资源化利用程度是近两年的研究重点和难点。

▶ 一、农村生活垃圾处置技术模式概况

1. 主要类型

农村生活垃圾按大类可分为厨余垃圾（指村民日常生活及食品

加工、饮食服务、单位供餐等活动中产生的垃圾，如剩菜、剩饭、果皮、茶渣、骨头等）、可重复利用垃圾（指适合回收利用和资源化利用的生活废弃物，如废纸、废弃塑料瓶、废金属等）、有毒有害垃圾（指对人体健康或者自然环境造成直接或者潜在危害的生活废弃物，如过期药品、废电池、废灯泡、废水银温度计等）3 类。

按照每户 3 人，每人每天垃圾产生量约 0.8kg，垃圾密度取 0.25kg/L 计算，则 10 户居民每天产生垃圾：

$$\frac{10\ 户 \times 3\ 人/户 \times 0.8kg/人}{0.25kg/L} = 96L$$

按照 3d 存放能力考虑，10 户居民垃圾存放量：

$$96L/d \times 3d = 288L$$

目前市面上常用垃圾桶容量为 240L 和 660L，考虑到垃圾桶有效容积，以 80% 计，则

$$需要的垃圾桶数量 = \frac{288L}{垃圾桶规格 \times 80\%}$$

举个例子，当垃圾桶规格为 240L/个时，垃圾桶数量：

$$\frac{288L}{240L/个 \times 80\%} = 1.5\ 个$$

也就是说 2 个 240L 垃圾桶即可满足 10 户居民 3d 的垃圾存放需求。

2. 污染途径

农村生活垃圾污染大部分是由于生活垃圾无组织地堆放在路边空地、随意丢弃在村内死角、直接倾倒在沟渠河岸边等造成的。晴天时垃圾长久露天堆放，散发出臭味影响周边居民；刮风时随风四处飞扬，影响居民生活环境卫生；下雨时随雨水进入沟渠、坑塘或河流，污染地表和地下水体。在计算某一区域的生活垃圾负荷时，先估算出区域内每人每天平均生活垃圾产量，并参考国内外相关文献，垃圾中的有机成分、总氮、总磷的含量分别取 8.0% ～

10.0%、1.2%~1.8%、0.05%~0.10%，区域内的农村生活垃圾流失量取 20%~40%计算，则可得出所关注区域的农村生活垃圾排放及垃圾污染负荷量。

3. 收运流程

作为生活垃圾产生源和处理设施之间的衔接部分，生活垃圾收运在整个生活垃圾处置环节中非常重要。有学者统计后发现，生活垃圾收运环节的费用占整个生活垃圾处置系统费用的 60%~80%。一般垃圾收运系统采用直运模式和转运模式两种。参照《农村生活垃圾分类、收运和处理项目建设与投资指南》，垃圾处理场周边 5km 以内的村庄垃圾直接收集转运进场，5km 以外需建立垃圾转运站，垃圾转运站的覆盖范围一般为周边 5km 以内。

因目前主要使用的是"村收集、镇转运、县处理"模式，所以农村生活垃圾收运主要由收集容器、收集车辆及转运车辆组成（表 5-1）。收集容器主要采用的是 PVC 桶和铁质桶这些价格便宜且坚固耐用的材质；常用的收集车辆主要有密封式垃圾车、压缩式垃圾车、摆臂式垃圾车、挂桶式垃圾车、车厢可卸式垃圾车、自卸式垃圾车等；转运车辆一般应与收集站工艺设备相配套，且应为封闭式垃圾运输车辆，以防止运输途中垃圾洒落造成二次污染，车辆的载重量一般以 4~8t 为宜。收运系统的设置应考虑工程管理、投资及运行成本、运输条件、清运方便程度等方面。如何选择适宜的收集容器，确定合理的收运模式，规划科学的设施布局，制定经济的收运路线，对于提高生活垃圾收运系统的稳定性、经济性、高效性有着至关重要的作用。

4. 处置技术

目前农村垃圾处置末端技术仍为以下 3 种：

（1）焚烧处理。这种垃圾处置技术是目前广大农村主要使用的

表 5-1　生活垃圾常见收运容器及交通工具

类别	实物图	特点
收集容器		PVC桶和铁质桶
收集车辆		主要有密封式垃圾车、压缩式垃圾车、摆臂式垃圾车、挂桶式垃圾车、车厢可卸式垃圾车、自卸式垃圾车等
转运车辆		一般应与收集站工艺设备相配套，且应为封闭式垃圾运输车辆，以防止运输途中垃圾洒落造成二次污染，车辆的载重量一般以 4~8t 为宜

一种技术（图 5-1），但是优缺点也非常明显。首先焚烧能最大限度地降低垃圾的体积和重量，并且对于木质、塑料、皮布甚至厨余，都可以彻底处理。但是目前焚烧的处理成本比填埋要高，且焚烧必须控制在比较固定的反应温度，否则容易产生二噁英或者分解不彻底，而焚烧后产生的灰渣也需要进行二次处理。

（2）有机肥转化。这种技术主要是将可以分解的有机物进行发酵处理，借助垃圾中的微生物，将有机物分解成无机养分，使生活垃圾变成卫生无味的腐殖质，从而在农业生产中进行再利用（图 5-2）。但是农村生活垃圾堆肥量大，养分含量低，建设投资、运行费用和占地面积均高于卫生填埋，所以目前尚未大规模推广。

（3）填埋处理。填埋处理由于具有技术成熟、投资稍少、工艺

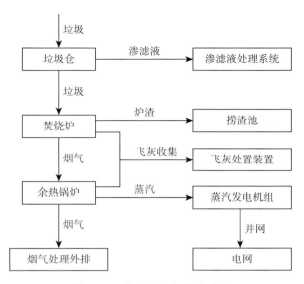

图 5-1 常见的垃圾焚烧流程

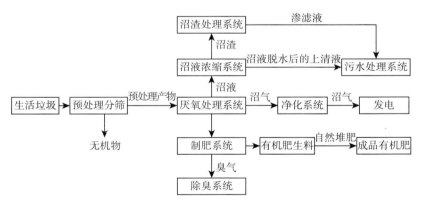

图 5-2 较为完善的肥料制作系统

简单、处理量大、处理费用低等优点，是目前垃圾集中处置的主要方式（图 5-3）。但是，填埋的垃圾并没有进行无害化处理，残留着大量的细菌、病毒、重金属等污染物，其垃圾渗漏液还会破坏土质，并加剧水污染。

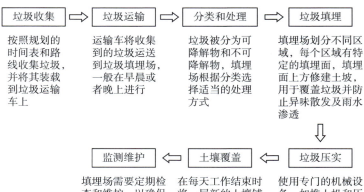

图 5-3 生活垃圾填埋场作业流程

▶ 二、系统指标建立及说明

　　农村生活垃圾的有效无害化处理工作与周边村民的生活息息相关，直接影响到亿万村民的基本福利和中国大面积领土环境的改善，关系着美丽乡村建设的成败。目前，农村生活垃圾治理的手段和力量相对薄弱，直接影响农村的居住环境、自然环境和农产品质量，威胁着村民的生活质量甚至健康，因此农村垃圾处置已成为一项紧迫的任务。同时，农村垃圾处置目前还普遍面临着建设资金筹措难、集中清运处理工作不甚方便、农民环保意识较淡薄等现实问题。故本节选取垃圾收集覆盖率、垃圾分类覆盖率、保洁员配备率作为生活垃圾处置的评价指标。依据农村生活垃圾处置系统投资、建设和作业流程的特点，结合国内外最新研究成果和专家意见，从以下六方面建立农村生活垃圾处置技术模式评价指标体系（图5-4）。

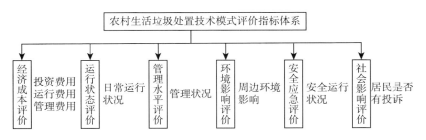

图5-4　农村生活垃圾处置技术模式评价指标体系

1. 评价指标选取

DSR模型框架是1996年经济合作与发展组织（OECD）发布的环境政策报告中的一个重要内容。DSR指的是驱动-状态-响应模型，它是一种用于分析环境问题的常用框架。在DSR模型框架中，"驱动"表示导致环境问题出现的各种因素，例如人口增长、经济发展、能源消耗等。这些驱动因素对环境产生了直接或间接的影响。"状态"指的是环境的实际状况，包括大气污染、水资源供应、土地利用等方面的情况。这些环境状态可以通过收集和分析数据来衡量和监测。"响应"表示为解决或应对环境问题而采取的政策和行动。这些响应可以包括制定和执行环境法规、推动可持续发展、促进清洁技术创新等。通过分析驱动因素、状态因素和响应因素之间的关系，DSR模型可以提供决策支持，促进可持续发展和环境保护。那么农村生活垃圾处置技术模式评价指标体系的构建，借鉴DSR模型的思路，同样分为三大层次。第一层次是目标层，也就是要实现的目标，即构建一个农村生活垃圾处置技术模式评价指标体系，以评估和优化农村生活垃圾处置的效果。第二层次是准则层，根据DSR模型的三大维度构建。驱动因素是指影响农村生活垃圾处置的各种外部因素，如政策、经济、社会因素等；状态因素是指农村生活垃圾处置的现状，如垃圾产生量、处理设施、技术水平等；响应因素是指针对农村生活垃圾处置现状采取的应对措施，如垃圾分类、资源化利用、减量化处理等。第三层次为指标层，是对准则层三大维度指标的细分。这一层次主要包括农村生活垃圾处置技术模式评价的具体指标，如垃圾产生量、处理率、资源化利用率等。这些具体指标是指标体系中最为基础的单元，通过对这些指标的监测和分析，可以更加精确地评估农村生活垃圾处置的效果，并为制定相应的政策和技术措施提供依据。

基于农村生活垃圾处置技术模式评价指标体系构建原则，结合 DSR 模型对指标进行选取的具体分析，并向环境、生态、人居方面的专家学者、地方一线环卫部门工作人员等发放调查问卷对指标进行筛选，最终确定农村生活垃圾处置技术模式评价指标体系（表 5-2）。

表 5-2　农村生活垃圾处置技术模式评价指标体系的层次

目标层	准则层	指标层	指标含义及选取依据
农村生活垃圾处置技术模式评价指标体系	垃圾收集环节	产生量	区域内村民生活垃圾每天的产生量
		收集点布局	垃圾投放处密集程度
		居民投放难度	村民投放垃圾最远距离
	垃圾转运环节	转运距离	垃圾处理站距离村落的最远距离
		运输作业规范性	运输车辆是否密闭、有无撒漏等
		运输方式合理性	是否根据距离远近选择合适的运输工具
	垃圾处理环节	危险程度	垃圾处理设施饱和度
		无害化程度	末端处理过程是否有二次污染风险
		减量化程度	处理后的垃圾体积或重量减少的百分比
		资源化程度	处理后的垃圾能否二次利用
	垃圾管理环节	是否设立制度	有无安全规范章程
		资金使用是否规范	单位车辆、人工等运维成本
		人员配备是否科学	是否定期组织安全培训

2. 评价过程

本节采用数据包络分析（DEA）模型来评价农村生活垃圾收集、转运、处理和管理四个环节。DEA 法是一种多指标效率评价方法，利用线性规划模型进行计算，通过比较决策单元与生产边界的距离来衡量决策单元的相对效率。在进行 DEA 时，首先需要确定评估的决策单元，以及它们所使用的输入指标（如劳动力、资金等）和输出指标（如产出、利润等）。然后，根据这些指标的值，构建一个线性规划模型来计算每个决策单元与生产边界的距离。距离越接近零，表示该决策单元越接近生产边界，效率越高；距离越大，表示该决策单元相对较低效。DEA 法的优点在于可以充分利用决策单元之间的内部差异来评估它们的效率，避免了传统方法中忽略内部差异的问题。同时，DEA 法还可以识别出低效决策单元的优化潜力及其改进方向，为决策者提供决策支持和优化建议。

（1）确定输入和输出指标。见表 5 - 3。

表 5 - 3　输入和输出指标

项目	输入指标	项目	输出指标
清运专用车辆投入	用于农村生活垃圾清扫收集及运输的环卫专用车辆的投入。这些专用车辆包括垃圾清扫车辆、收集车辆和运输车辆等，属于特种车辆。市容环卫专用车辆投入与产出指标中的生活垃圾清运量直接相关	生活垃圾清运量	产生的生活垃圾中被清运至垃圾消纳场所或转运场所的总量。该指标不包括在起始阶段进入回收系统的废弃物，其受生活垃圾产生量、回收比率和清运率等因素的影响，反映生活垃圾清运能力
垃圾减量化、无害化处理厂投入	为了实现无害化目标，建设和投入使用的垃圾无害化处理厂。垃圾无害化处理厂是生活垃圾末端处理环节的重要终端设施，包括垃圾填埋场、焚烧发电厂等。垃圾无害化处理厂的投入直接影响着生活垃圾无害化处理效率	生活垃圾无害化处理量	被清运至垃圾消纳场所或转运场所的生活垃圾中进行了无害化处理的总量。它可以用来反映生活垃圾无害化处理的规模，是评价农村生活垃圾处置水平的重要指标

（续）

项目	输入指标	项目	输出指标
垃圾处置资金投入	针对垃圾运输和处理这一公共项目的资金投入。通常以财政支持为主。垃圾处理资金主要用于垃圾处理设备的建设。根据《国家发展改革委 住房城乡建设部关于推进非居民厨余垃圾处理计量收费的指导意见》，在推动非居民生活垃圾处理计量收费的趋势下，企业及其他社会组织的投入也将成为垃圾处置资金的来源	生活垃圾无害化处理能力	以每天生活垃圾无害化处理量来表示。它可以评价垃圾无害化处理厂的工作效率，能客观反映生活垃圾无害化处理的技术水平及其投入设备的运行效率。这个指标对于评估垃圾无害化处理系统的可持续发展和生态环境保护具有重要意义

（2）计算方法。假设共有 n 个决策单元，每个决策单元有 m 个输入指标和 s 个输出指标。

输入向量为：

$$\boldsymbol{X}_j = (X_{1j}, X_{2j}, \cdots, X_{mj})^{\mathrm{T}} > 0 \quad (j = 1, 2, \cdots, n)$$

$$(5 - 1)$$

输出向量为：

$$\boldsymbol{Y}_j = (Y_{1j}, Y_{2j}, \cdots, Y_{sj})^{\mathrm{T}} > 0 \quad (j = 1, 2, \cdots, n)$$

$$(5 - 2)$$

为了将输入规模和输出规模进行统一，需要对每种输入规模和输出规模进行赋权。

输入规模权向量为：

$$\boldsymbol{V} = (V_1, V_2, \cdots, V_m)^{\mathrm{T}} \qquad (5 - 3)$$

输出规模权向量为：

$$\boldsymbol{U} = (U_1, U_2, \cdots, U_s)^{\mathrm{T}} \qquad (5 - 4)$$

第 j 个决策单元输入规模的综合值为：

$$\sum_{i=1}^{m} V_i X_{ij}$$

第 j 个决策单元输出规模的综合值为：

$$\sum_{r=1}^{s} U_r Y_{rj}$$

式中，X_{ij} 为第 j 个决策单元的第 i 种输入规模，Y_{rj} 为第 j 个决策单元的第 r 种输出规模。V_i 是第 i 种输入规模的权重，U_r 是第 r 种输出规模的权重。

输出规模的综合值与输入规模的综合值的比值即为效率评价指数。以效率作为目标函数，以效率值≤1 为约束。

构建线性规划模型：将收集到的数据和约束条件应用于 BCC 模型的线性规划模型中。该模型的目标是最小化输入量的总和，同时最大化输出量的总和，以找到最佳的技术效率 $\min\theta$。

$$\sum_{j=1}^{n} \lambda_j X_{ij} + S_i^- = \theta \boldsymbol{X}_{i_0}$$

$$\sum_{j=1}^{n} \lambda_j X_{ij} - S_i^+ = \boldsymbol{Y}_{r_0}$$

$$\sum_{j=1}^{n} \lambda_j = 1 \qquad (5-5)$$

式中，$\lambda_j \geq 0$；$S_i^- \geq 0$；$S_i^+ \geq 0$；$i=1, 2, \cdots, m$；$j=1, 2, \cdots, n$；$r=1, 2, \cdots, s$；θ 为效率得分；$\boldsymbol{X}_{i_0}$ 和 $\boldsymbol{Y}_{r_0}$ 分别为评估对象决策单元的输入向量和输出向量。

求解模型：使用线性规划算法求解 BCC 模型。这可以通过各种数值计算工具和软件来实现。

分析结果：根据求解得到的模型结果，可以评估每个生产单元的技术效率水平。

第六章　农村人居环境整治技术模式效果实证分析

为深入了解贵州省雷山县在农村人居环境整治方面的情况，笔者进行了实地调研。具体而言，通过与当地的政府工作人员、村干部和村民进行访谈，收集了关于雷山县在农村人居环境整治方面的做法和现状的基本资料。同时，向雷山县的农村居民发放了调查问卷，以收集、汇总和分析相关数据，全面评估雷山县在农村人居环境整治方面的效果。

▶ 一、调研目的、对象及内容

1. 调研目的

了解农村厕所粪污、生活污水和垃圾产排特征，系统剖析农民对人居环境整治技术措施的采纳意愿、取向和满意度；综合考虑当地农民收入、集体经济情况，以及种植业和养殖业的产业结构与产出情况，分析当地农村经济现状。

2. 调研对象

于 2021 年 6～10 月，先后对贵州省雷山县的 6 个村庄开展农村人居环境整治及循环经济建设综合模式调研工作。6 个村庄分别为达地村、背略村、咱刀村、南猛村、脚猛村、柳排村。

3. 调研内容

每个村庄随机抽取 5～20 个农户，以座谈会、调查问卷、实地

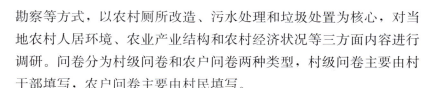

勘察等方式，以农村厕所改造、污水处理和垃圾处置为核心，对当地农村人居环境、农业产业结构和农村经济状况等三方面内容进行调研。问卷分为村级问卷和农户问卷两种类型，村级问卷主要由村干部填写，农户问卷主要由村民填写。

二、村庄层面调研结果及分析

（一）达地村

1. 调研村庄基本情况

达地村位于达地水族乡南部，达地村委会距乡人民政府所在地4.5km，该村有宋家、大竹山、达地、党务、同鸟5个自然寨。村内居民以水族为主，其次为苗族、汉族等。水族主要居住在同鸟、宋家等自然寨，大竹山主要为苗族人，党务主要为汉族人，宋家也有部分汉族人居住。

达地村总户数为208户，总人口数为855人，其中常住人口为531人，流动人口为324人。在年龄组成上，0~17岁的人口占比为20.41%，18~44岁的人口占比为47.80%，45~59岁的人口占比为20.80%，60岁及以上的人口占比为10.99%。在民族组成上，汉族人口占比为26.00%，水族人口占比为41.63%，苗族人口占比为24.91%。

达地村90%以上的村民以传统农业为主，大部分家庭收入来自传统的种植业和养殖业。

达地村地形为高原，土壤主要类型是黏质土。土地资源状况为耕地1 350亩[①]、林地5 500亩、园地1 000亩、草地0亩。生物资源主要包括杂木、果子狸。

达地村集体收入为10.55万元/年。村集体创收产业为茶叶种

---

① 亩为非法定计量单位，1亩=1/15hm²。——编者注

植和加工。村内企业有白茶厂，厂内有工人 260 名。

基础设施建设情况：供水方式为自来水，自来水普及率为 100%；供暖方式为个人，采暖类型为柴火，集中供暖普及率为 0%；下水道普及 60 户，普及率为 28.85%。

2. 农村人居环境状况

达地村的厕所类型主要是传统旱厕，占比为 55.00%（图 6-1）。2018 年开始卫生户厕改造，改造类型为卫生水厕，占比为 0.03%。户厕改造的资金来源为财政资金 5 000 元/户、农户自筹资金 4 500 元/户。户厕粪污的处置方式为农户庭院就地利用，粪污处置无资金来源。村内没有公共厕所。

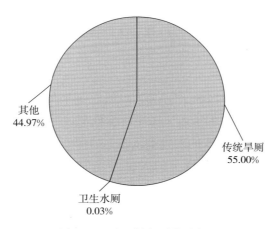

图 6-1 达地村户厕类型占比

达地村的村级污水处理设施有 1 个，日处理量为 5t，污水去向为达标排放，采取的管护措施为村民集资委托第三方管护，管护费用 20 000 元/年。

达地村有村内垃圾投放点，投放点设置垃圾箱。垃圾清运频率为 4d/次。无村级垃圾处理站。垃圾设施管护费用 23 000 元/年，管护资金来源为村级办公经费。

3. 农业产业发展状况

达地村的种植业情况：主要种植水稻、玉米、白菜、辣椒、梨，种植面积分别为 800 亩、300 亩、380 亩、100 亩、20 亩，产量分别为 480t/年、30t/年、200t/年、10t/年、3t/年。无种植业废弃物集中处理设施，未开展种植业废弃物资源化利用。

达地村的养殖业情况：主要养殖黄牛、猪、土鸡、鸭、稻田鱼，饲养量分别为 30 头/年、100 头/年、200 只/年、50 只/年、2t/年，饲养周期分别为 3～5 年、1～2 年、1 年、1 年、0.5 年。无养殖业废弃物集中处理设施，未开展养殖业废弃物资源化利用。

（二）背略村

1. 调研村庄基本情况

背略村位于贵州省雷山县达地水族乡东南部，与榕江县三江乡黄土坡、塔石乡怎东村和桥桑坝子村接壤。村委会距乡人民政府驻地 5km，最近自然寨距乡政府驻地 4km，最远自然寨距乡政府驻地 9.2km。全村共有 11 个村民小组（上背略组、下背略组、党咩组、平寨组、汪术组、大寨组、排松组、龙塘一组、龙塘二组、大坪山组和大坳组）13 个自然寨。

背略村总户数为 341 户，总人口数为 1 258 人，其中常住人口为 658 人，流动人口为 600 人。在年龄组成上，0～17 岁的人口占比为 20.51%，18～44 岁的人口占比为 45.23%，45～59 岁的人口占比为 21.22%，60 岁及以上的人口占比为 13.04%。在民族组成上，汉族人口占比为 18.36%，水族人口占比为 33.31%，苗族人口占比为 28.78%，其他民族人口占比为 19.55%。

背略村地处亚热带季风湿润气候区，气候温和，雨量充沛，土壤肥沃，自然条件较好，适合粮食作物和茶叶等经济作物的生长。目前，大多数村民主要从事传统农业，家庭收入大部分来自传统的种植业和养殖业。

背略村地形为高原，土壤主要类型是黏质土。土地资源状况为耕地 778 亩、林地 1 700 亩、园地 1 000 亩、草地 437 亩。生物资源主要为杂木。水资源主要有背略河、乌樟水库。

背略村集体收入为 12.3 万元/年。村集体创收产业为天麻种植、茶叶加工。村内企业有福鼎茶叶厂，厂内有工人 300 名；还有尚品源山泉水有限公司，公司有工人 12 名。

基础设施建设情况：供水方式为自来水，自来水普及率为 100%；供暖方式为个人，采暖类型为柴火，集中供暖普及率为 0%；下水道普及 20 户，普及率为 5.87%。

2. 农村人居环境状况

背略村的传统旱厕占比为 27.5%（图 6-2）。2017 年开始卫生户厕改造，改造类型为卫生水厕和卫生旱厕，卫生水厕占比为 60.9%，卫生旱厕占比为 11.0%。户厕改造的资金来源为财政资金 5 000 元/户，农户自筹资金 3 500 元/户。户厕粪污的处置方式为农户庭院就地利用，粪污处置无资金来源。村内公共厕所数量为 2 个，采取的管护措施为村集体管护和委托第三方管护，公厕粪污的处置方式为村内就地利用，管护费用 0 元/年，厕所管护无资金来源。

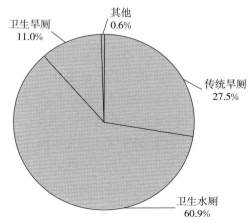

图 6-2 背略村户厕类型占比

背略村无村级污水处理设施。

背略村有村内垃圾投放点，投放点设置垃圾箱。垃圾清运频率为 4d/次。无村级垃圾处理站。垃圾设施管护费用为 8 800 元/年，管护资金来源为村级办公经费。

3. 农业产业发展状况

背略村的种植业情况：主要种植水稻、玉米、白菜、辣椒、梨，种植面积分别为 700 亩、100 亩、320 亩、100 亩、20 亩，产量分别为 150t/年、60t/年、38t/年、3t/年、3t/年。无种植业废弃物集中处理设施，未开展种植业废弃物资源化利用。

背略村的养殖业情况：主要养殖黄牛、猪、土鸡、鸭、稻田鱼，饲养周期分别为 3～5 年、1～2 年、1 年、1 年、0.5 年。无养殖业废弃物集中处理设施，未开展养殖业废弃物资源化利用。

（三）咱刀村

1. 调研村庄基本情况

咱刀村位于雷山县城以南 13km 处，距省道雷榕公路 0.5km，全村有一个自然寨，4 个村民小组，共有 186 户，总人口数为 739 人，其中常住人口为 455 人，流动人口为 284 人。在民族组成上，苗族人口占比为 98%。

2020 年 9 月 24 日，咱刀村被贵州省委统战部、贵州省民族宗教事务委员会、贵州省文化和旅游厅命名为第五批"贵州省少数民族特色村寨"。

咱刀村土壤主要类型是黏质土。土地资源状况为耕地 1 184 亩、林地 5 053 亩、园地 0 亩、草地 0 亩。生物资源主要包括杉树、野猪。

咱刀村集体收入为 8 万元/年。村集体创收产业为黑毛猪养殖。

基础设施建设情况：供水方式为自来水，自来水普及率为 100%；集中供暖普及率为 0%；下水道普及率为 90%。

2. 农村人居环境状况

咱刀村 2018 年开始卫生户厕改造工作。户厕改造的资金来源为财政资金 3 500 元/户。户厕粪污的处置方式为村集中收集处置，粪污处置无资金来源。村内无公共厕所。

咱刀村的村级污水处理设施有 1 个，日处理量为 30t，污水去向为达标排放，采取的管护措施为委托第三方管护，年管护费用为 8 000 元，资金来源为村集体资金。

咱刀村有村内垃圾投放点，投放点设置垃圾箱。垃圾清运频率为 7d/次。无村级垃圾处理站。

3. 农业产业发展状况

咱刀村的种植业情况：主要种植水稻、白菜。

咱刀村的养殖业情况：无养殖业废弃物集中处理设施，未开展养殖业废弃物资源化利用。

（四）南猛村

1. 调研村庄基本情况

南猛村位于贵州省雷山县郎德镇西南部，距县城 13km，离镇政府驻地 15km。全村分上、中、下 3 个自然寨，10 个村民小组。南猛村是芦笙舞发源地之一。

南猛村总户数为 193 户，总人口数为 791 人，其中常住人口为 791 人，无流动人口。在年龄组成上，0～17 岁的人口占比为 16.20％，18～44 岁的人口占比为 43.60％，45～59 岁的人口占比为 23.30％，60 岁及以上的人口占比为 16.90％。在民族组成上，苗族人口占比为 97.20％，其余为汉族和侗族。

南猛村地形为高原，土壤主要类型是沙质土。土地资源状况为耕地 404 亩、林地 6 215 亩、园地 0 亩、草地 0 亩。生物资源主要包括灰叶杉木、猪、牛、羊。水资源主要有郎望河。

南猛村集体收入为 11 万元/年。村集体创收产业为白茶和天麻种植、稻田鱼养殖。村内有白茶种植园，园内有工人 10 名。

基础设施建设情况：供水方式为自来水，自来水普及率为100%；供暖方式为个人，采暖类型为电器，集中供暖普及率为0%；下水道普及率为100%。

2. 农村人居环境状况

南猛村的传统旱厕占比为8.3%，传统水厕占比为4.3%（图6-3）。2021年开始卫生户厕改造，改造类型为卫生水厕，占比为11%。户厕改造的资金来源为财政资金。村内公共厕所数量为2个，采取的管护措施为村集体管护。

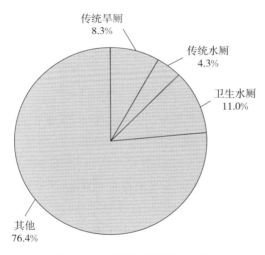

图6-3　南猛村户厕类型占比

南猛村的村级污水处理设施有1个。

南猛村内有垃圾投放点，投放点设置垃圾箱。垃圾清运频率为7d/次。无村级垃圾处理站。

3. 农业产业发展状况

南猛村的种植业情况：主要种植水稻，面积为404亩，产量为21t/年。无种植业废弃物集中处理设施，未开展种植业废弃物资源化利用。

南猛村的养殖业情况：无养殖业废弃物集中处理设施，未开展养殖业废弃物资源化利用。

（五）脚猛村

1. 调研村庄基本情况

脚猛村位于贵州省雷山县丹江镇的西北角，与郎德镇接壤，隔山与丹江镇的大固鲁、猫猫河村连接。距县城 7km，由两个自然寨组成。

脚猛村总户数为 232 户，总人口数为 856 人。在年龄组成上，0～17 岁的人口占比为 27.50％，18～44 岁的人口占比为 33.50％，45～59 岁的人口占比为 15.80％，60 岁及以上的人口占比为 23.20％。在民族组成上，汉族人口占比为 0.30％，苗族人口占比为 99.60％，侗族人口占比为 0.10％。

脚猛村地形为山地，土壤主要类型是沙质土。土地资源状况为耕地 1 650 亩、林地 5 356 亩、园地 0 亩、草地 0 亩。生物资源主要包括杉树、马尾松。水资源主要有脚猛河。

脚猛村集体收入为 18.39 万元/年。村集体创收产业为集体公益林（入股分红）。特色产业为水晶葡萄种植。

基础设施建设情况：供水方式为自来水，自来水普及率为 100％；供暖方式为个人，采暖类型为柴火、木炭，集中供暖普及率为 0％；下水道普及率为 0％。

2. 农村人居环境状况

脚猛村的传统旱厕占比为 91％（图 6-4）。2018 年开始卫生户厕改造，改造类型为卫生水厕，占比为 4.3％。户厕改造的资金来源为财政资金 3 000 元/户，农户自筹资金 2 000 元/户。户厕粪污的处置方式为村集中收集处置，粪污处置无资金来源。村内公共厕所数量为 1 个，采取的管护措施为村民管护，公厕粪污的处置方式为村内就地利用，管护费用 0 元/年，无资金来源。

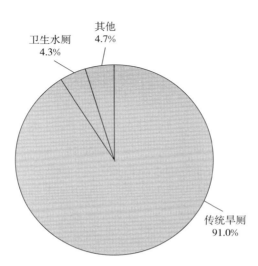

图 6-4 脚猛村户厕类型占比

脚猛村的村级污水处理设施有 1 个，日处理量为 52t，污水去向为达标排放，采取的管护措施为村集体管护，管护费用 3 600元/年，管护资金来源为村集体资金。

脚猛村内有垃圾投放点，投放点设置垃圾箱。垃圾清运频率为10d/次。无村级垃圾处理站。

3. 农业产业发展状况

脚猛村的种植业情况：主要种植水稻、玉米、白菜、葡萄、杨梅，种植面积分别为 405 亩、80 亩、46 亩、1 100 亩、20 亩，产量分别为 16.2t/年、3.2t/年、0.9t/年、67t/年、0.6t/年。无种植业废弃物集中处理设施，未开展种植业废弃物资源化利用。

脚猛村的养殖业情况：主要养殖稻田鱼，饲养量为 1.6 万尾/年，饲养周期为 180d。有养殖业废弃物集中处理设施，设施日处理量为 1.5t，未开展养殖业废弃物资源化利用。

（六）柳排村

1. 调研村庄基本情况

柳排村位于贵州省雷山县永乐镇西南部，距镇政府所在地 12km。全村共有 14 个村民组，分别与乔桑、草坪、柳乌、天马山、党开等村和榕江塔石乡相邻。

柳排村总户数为 343 户，总人口数为 1 367 人，其中常住人口为 903 人，流动人口为 464 人。在年龄组成上，0～17 岁的人口占比为 30.80%，18～44 岁的人口占比为 28.02%，45～59 岁的人口占比为 26.04%，60 岁及以上的人口占比为 15.14%。在民族组成上，汉族人口占比为 26.04%，苗族、水族、侗族、瑶族人口占比合计为 73.96%。

柳排村土壤主要类型是黏质土。土地资源状况为耕地 1 136 亩、林地 7 000 亩、园地 0 亩、草地 0 亩。生物资源主要包括杉树、松树、猪、牛、鸡、鸭。水资源主要包括柳排河、片库河。

柳排村集体收入为 3.66 万元/年。村集体创收产业为种植业、养殖业。

基础设施建设情况：供水方式为自来水，自来水普及率为 100%；供暖方式为个人，集中供暖普及率为 0%；下水道普及率为 0%。

2. 农村人居环境状况

柳排村的传统水厕占比为 87%（图 6-5）。2014 年开始卫生户厕改造，改造类型为卫生水厕，占比为 7.29%。户厕改造的资金来源为财政资金 5 000 元/户，农户自筹资金 3 000 元/户。粪污处置无资金来源。村内无公共厕所。

柳排村无村级污水处理设施。

柳排村有村内垃圾投放点，投放点设置垃圾箱。垃圾清运频率为 10d/次。无村级垃圾处理站。

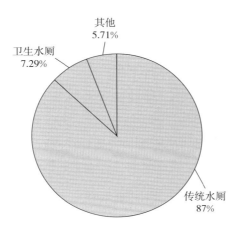

其他
5.71%

卫生水厕
7.29%

传统水厕
87%

图 6-5　柳排村户厕类型占比

3. 农业产业发展状况

柳排村的种植业情况：主要种植水稻、蔬菜，种植面积分别为786 亩、354 亩，产量分别为 600t/年、150t/年。无种植业废弃物集中处理设施，未开展种植业废弃物资源化利用。

柳排村的养殖业情况：主要养殖牛、猪、鸡，饲养量分别为500 头/年、800 头/年、1 200 只/年，饲养周期分别为 3～5 年、1～2 年、1 年。无养殖业废弃物集中处理设施，未开展养殖业废弃物资源化利用。

(七)调研村庄整体比较

调研的 6 个村庄生物资源和水资源均十分丰富，大部分村庄的土质为黏质土，仅有南猛村和脚猛村为沙质土，各村庄耕地面积从404 亩到 1 650 亩不等，除背略村外，其余 5 个村的林地面积都在5 000 亩以上（表 6-1）。

6 个村庄中村集体收入最高的是脚猛村，为 18.39 万元/年，最低的是柳排村，仅为 3.66 万元/年，收入较好（达到每年 10万元以上）的达地村、背略村、南猛村和脚猛村均有自己的特色

产业（表6-2）。

表6-1　调研村庄的自然条件

编号	村庄	地形	土壤类型	土地资源（亩）				生物资源	水资源
				耕地	林地	园地	草地		
1	达地村	高原	黏质土	1 350	5 500	1 000	0	杂木、果子狸	—
2	背略村	高原	黏质土	778	1 700	1 000	437	杂木	背略河、乌樟水库
3	咱刀村	—	黏质土	1 184	5 053	0	0	杉树、野猪	—
4	南猛村	高原	沙质土	404	6 215	0	0	灰叶杉木、猪、牛、羊	郎望河
5	脚猛村	山地	沙质土	1 650	5 356	0	0	杉树、马尾松	
6	柳排村	—	黏质土	1 136	7 000	0	0	杉树、松树、猪、牛、鸡、鸭	柳排河、片库河

表6-2　调研村庄的经济条件

编号	村庄	村集体收入（万元/年）	村集体创收产业	特色产业	特色产业从业人员（名）
1	达地村	10.55	茶叶种植、加工	加工白茶	260
2	背略村	12.30	天麻种植、茶叶加工	加工福鼎茶叶	300
3	咱刀村	8.00	黑毛猪养殖		—
4	南猛村	11.00	白茶、天麻种植，白茶加工，稻田鱼养殖	白茶	10
5	脚猛村	18.39	集体公益林（入股分红）	水晶葡萄	—
6	柳排村	3.66	种植业、养殖业	—	—

　　6个村庄中达地村、咱刀村、南猛村和脚猛村有村级污水处理设施（表6-3），年管护费用从3 600元到20 000元不等，可以看出日处理量越高，年管护费用越少。

表 6-3　调研村庄的生活污水处置情况

编号	村庄	村级污水处理设施数量（个）	日处理量（t）	污水去向	管护措施	管护费用（元/年）	资金来源
1	达地村	1	5	达标排放	第三方管护	20 000	村民集资
2	背略村	0	0	—	—	0	无
3	咱刀村	1	30	达标排放	第三方管护	8 000	村集体资金
4	南猛村	1	—	—	—	—	—
5	脚猛村	1	52	达标排放	村集体管护	3 600	村集体资金
6	柳排村	0	0	—	—	—	—

　　6 个村庄村内垃圾的清运频率都不太高（表 6-4），最长的为 10d 清运一次，且这 6 个村庄均没有村级垃圾处理站，垃圾清运的资金来源为财政资金和村级办公经费。

表 6-4　调研村庄的生活垃圾处置情况

编号	村庄	垃圾清运形式	清运频率（d/次）	村级垃圾处理站数量（个）	管护措施	管护费用（元/年）	资金来源
1	达地村	村集体组织清运	4	0	—	23 000	村级办公经费
2	背略村	村集体组织清运	4	0	—	8 800	村级办公经费
3	咱刀村	第三方负责清运	7	0	—	5 500	财政资金
4	南猛村	第三方负责清运	7	0	—	6 000	村级办公经费
5	脚猛村	第三方负责清运	10	0	—	3 000	村级办公经费
6	柳排村	村集体组织清运	10	0	—	3 000	村级办公经费

　　6 个村庄中达地村、背略村和柳排村种植业以粮食和蔬菜为主，脚猛村以经济作物水晶葡萄为主。虽然柳排村的粮食和蔬菜种植面积低于达地村和背略村，但是其粮食亩产达到了

0.76t，高于背略村（0.26t）和达地村（0.46t）；其蔬菜亩产为 0.440t，也高于背略村（0.098t）和达地村（0.438t）（图 6-6 至图 6-11）。

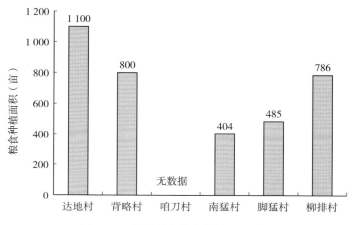

图 6-6　调研村庄粮食种植面积对比

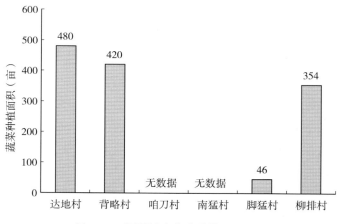

图 6-7　调研村庄蔬菜种植面积对比

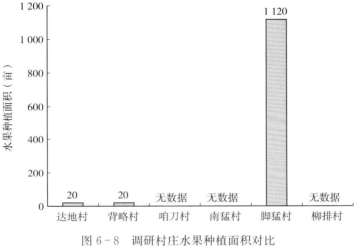

图 6-8　调研村庄水果种植面积对比

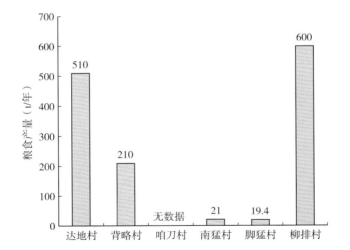

图 6-9　调研村庄粮食产量对比

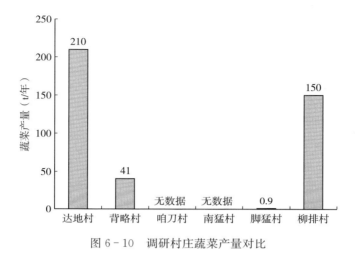

图 6-10　调研村庄蔬菜产量对比

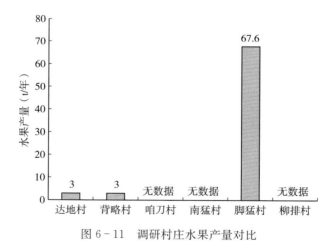

图 6-11　调研村庄水果产量对比

　　6 个村庄中咱刀村和南猛村养殖业暂无数据，其余 4 个村以稻田鱼、猪、牛、鸡、鸭为主，以稻田鱼入菜是当地特色，且稻田鱼饲养周期短、产量高，深受当地农民喜爱（表 6-5）。

表 6 – 5　调研村庄的养殖业情况

编号	村庄	养殖品种	饲养量	饲养周期（年）
1	达地村	黄牛	30 头/年	3～5
		土鸡	200 只/年	1
		稻田鱼	2t/年	0.5
		猪	100 头/年	1～2
		鸭	50 只/年	1
2	背略村	黄牛	—	3～5
		土鸡	—	1
		稻田鱼	2.4（t/年）	0.5
		猪	—	1～2
		鸭	—	1
3	咱刀村	—	—	—
4	南猛村	—	—	—
5	脚猛村	稻田鱼	16 000 尾/年	0.5
6	柳排村	牛	500 头/年	3～5
		鸡	1 200 只/年	1
		猪	800 头/年	1～2

三、农户层面调研结果及分析

（一）家庭基本情况

调研农户中，家庭人口在 3 人以下的占比为 3.57％，3 人及以上的占比为 96.43％。家庭主要收入来源方面，以种植业为收入来源的家庭占比为 53.57％，主要种植水稻、蔬菜、葡萄；以养殖业为收入来源的家庭占比为 42.86％，主要养殖猪、牛；以个体经营为收入来源的家庭占比为 3.57％。

（二）生活排污情况

1. 户厕改造及粪污利用意愿

调研农户中，在户厕类型方面，传统厕所占比为 75％，卫生厕所占比为 25%，其中卫生水厕占比为 21.43%，卫生旱厕占比为 3.57%。

厕所粪污处置方式上，农户庭院利用占比为 42.86%，村集中处置占比为 17.86%，未采取措施占比为 39.28%。

在厕所管护方面，清淘频率为 0～10 次/年，厕所管护资金来源中农户自付占比为 10.71%，政府补贴占比为 89.29%。

在卫生厕所改造意愿方面，同意改为卫生厕所的占比为 100%。

在同意改为卫生厕所的调研农户中，希望改为水厕的农户占比为 75%（图 6 - 12A）；愿意改为室内厕所的农户占比为 7.14%，愿意改为室外厕所的农户占比为 28.57%（图 6 - 12B）；不接受厕所耗电的农户占比为 10.71%（图 6 - 12C）。

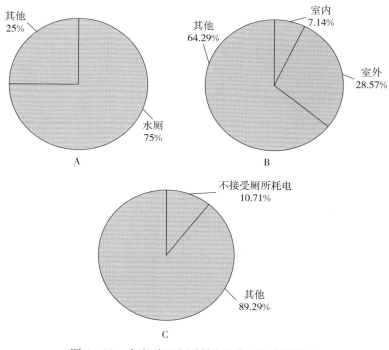

图 6 - 12　农户对卫生厕所改造类型的意愿统计

A. 水厕与旱厕的选择意愿　B. 室内与室外的选择意愿

C. 耗电与不耗电的选择意愿

在厕所管护形式上，接受个人管护、集体管护、无须管护 3 种类型的农户占比分别为 25.00%、7.14%、36.72%，未作出意愿选择的农户（其他）占比为 31.14%（图 6-13）。

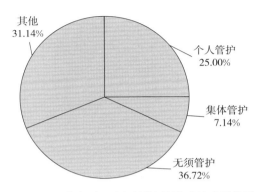

图 6-13　农户对卫生厕所管护形式的意愿统计

在农户改厕参与意愿方面，愿意参与的农户占比为 100%。在参与户厕改造的形式上，接受宣传动员、资金筹措、劳动建设的农户占比分别为 17.86%、0%、42.86%，未作出选择意愿的农户（其他）占比为 39.28%（图 6-14）。

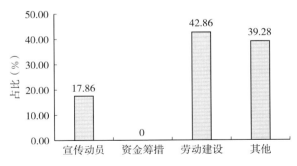

图 6-14　农户对厕所改造参与形式的意愿统计

2. 生活污水处理及回用意愿

调研农户的生活污水产生量为 4～40L/d，主要来源包括厨房、洗浴、厕所等，占比分别为 33.57％、37.86％、28.57％（图 6-15）。

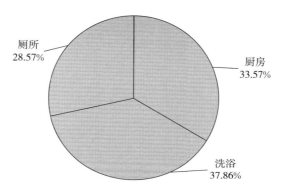

图 6-15　生活污水主要来源统计

调研农户中，同意对生活污水收集处理并回收利用的占比为 89.29％，反对的占比为 10.71％，反对的理由是水资源丰富（图 6-16）。

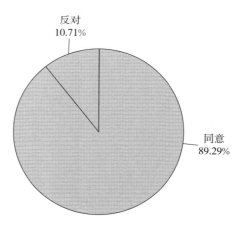

图 6-16　农户生活污水收集处理并回收利用意愿统计

在生活污水回用方式的选择意愿方面，自家庭院灌溉（地表）、自家庭院消纳（地下）、大田集中灌溉（地表）、大田集中消纳（地下）4种类型的占比分别为17.86%、53.57%、25.00%、3.57%（图6-17）。

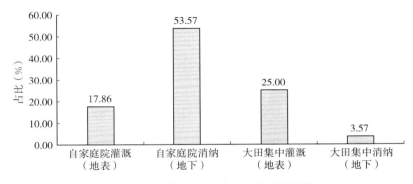

图6-17　生活污水回用方式的选择意愿统计

同意承担部分费用的农户占比为57.14%，接受的金额为100～500元/年；反对承担部分费用的农户占比为17.86%；未作出选择意愿的农户（其他）占比为25.00%（图6-18）。

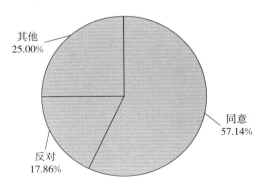

图6-18　农户承担生活污水处理相关费用意愿统计

3. 生活垃圾类型及产生量

调研农户的生活垃圾产生量为0.5～50kg/d，主要类型包括可回收垃圾、餐厨垃圾、有害垃圾等，占比分别为42.86%、50.00%、

7.14%（图 6-19）。

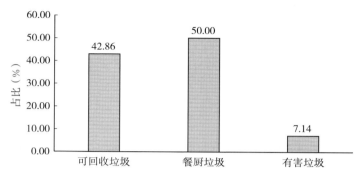

图 6-19　生活垃圾主要类型统计

（三）庭院种养情况

1. 庭院利用条件

调研农户中，庭院没有闲置土地的占比为 71.43%，庭院内有闲置土地的占比为 17.86%，房前屋后有闲置土地的占比为 10.71%（图 6-20）。庭院经济的主要类型为种植、养殖等，占比分别为 60.14%、21.85%。

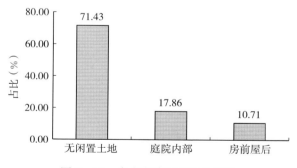

图 6-20　农户庭院利用条件统计

2. 庭院种植情况

在农户庭院种植方面，春季主要种植水稻，种植面积为 1～4.3 亩，产量为 300～4 000kg/季；夏季主要种植葡萄，种植面积为 0.5～2 亩，产量为 150～2 500kg/季；冬季主要种植苜蓿，种植面积为 6 亩，产量为 7 500kg/季。

庭院种植产生的废弃物主要为秸秆、尾菜等，其中，开展种植业废弃物资源化利用的农户占比为 14.29%，主要方式包括喂猪、做肥料。

3. 庭院养殖情况

在农户庭院养殖方面，养殖的牲畜类主要为猪，饲养量为 2～15 头/年，饲养周期为 1～2 年；养殖的家禽类主要为鸡，饲养量为 15～1 000 只/年，饲养周期为 1 年。

庭院养殖产生的废弃物主要为粪便、污水等，其中，开展养殖业废弃物资源化利用的农户占比为 35.71%，主要方式包括粪便做肥料、污水浇灌土地。

4. 废弃物就地处理与循环利用意愿

在废弃物就地处理与循环利用意愿方面，调研农户同意的占比为 89.29%，其中，接受庭院消纳模式（以家庭为单元）的农户占比为 46.43%，接受大田消纳模式（以村庄为单元）的农户占比为 14.29%（图 6-21）。调研农户不同意的占比为 3.57%，反对的理由为不方便处理。剩余 7.14% 农户认为如果政府补贴可以循环处理，不补贴就不处理。

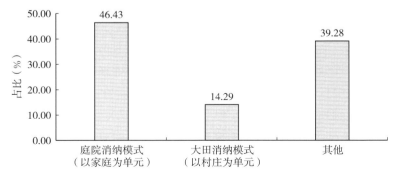

图 6-21　废弃物就地处理与循环利用意愿统计

在废弃物就地处理与循环利用的方式选择意愿方面，肥料化（例如粪便制作有机肥）、能源化（例如废弃物堆沤发酵产沼气）、饲料化（例如秸秆尾菜制作饲料）3 种类型的占比分别为 85.71％、3.58％、10.71％（图 6－22）。愿意承担部分费用的农户占比为 53.57％，接受的金额为 100～400 元/年。

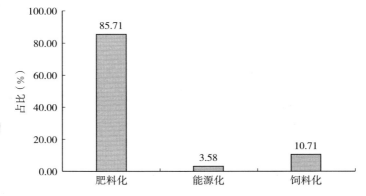

图 6－22　废弃物就地处理与循环利用的方式选择意愿统计

四、贵州省雷山县农村人居环境整治效果评价

1. 评价体系分层建立判断矩阵

构造两两比较（成对比较）判断矩阵，进行本层所有因素针对上一层某一个因素的相对重要性的比较。成对比较判断矩阵的元素 a_{ij} 用指标评分标度值 1～9 给出，农村人居环境整治技术模式评价指标体系中目标层为农村人居环境整治效果评价，用 A 表示；第一层包含厕所改造及粪污处理（B_1）、生活污水处理（B_2）、生活垃圾处置（B_3）；经过多轮专家打分赋权，得到成对比较的判断矩阵。详见表 6－6。

表 6-6　准则层指标得分均值

指标	厕所改造及粪污处理 (B₁)	生活污水处理 (B₂)	生活垃圾处置 (B₃)
厕所改造及粪污处理（B₁）	1	3	2
生活污水处理（B₂）	1/3	1	1/3
生活垃圾处置（B₃）	1/2	3	1

（1）计算指标的权重。归一化的步骤：

第一步，对判断矩阵进行归一化处理：

$$\overline{a_{ij}} = \frac{a_{ij}}{\sum\limits_{i=1}^{n} a_{ij}} \quad (i, j = 1, 2, \cdots, n) \quad (6-1)$$

式中，a_{ij} 为判断矩阵 $\boldsymbol{A}$ 第 i 行第 j 列的数据，$\overline{a_{ij}}$ 为归一化判断矩阵第 i 行第 j 列的数据。

第二步，将归一化处理后的判断矩阵每行中的元素相加。

$$\overline{W_i} = \sum\limits_{j=1}^{n} \overline{a_{ij}} \quad (i, j = 1, 2, \cdots, n) \quad (6-2)$$

第三步，对公式（6-2）中的 $\overline{W_i}$ 实施归一化处理：

$$W_i = \frac{\overline{W_i}}{\sum\limits_{i=1}^{n} \overline{W_i}} \quad (i = 1, 2, \cdots, n) \quad (6-3)$$

式中，W_i 为第 i 个指标的权重。

第四步，计算判断矩阵 $\boldsymbol{A}$ 的最大特征值：

$$\lambda_{\max} = \frac{1}{n} \sum\limits_{i=1}^{n} \frac{(\boldsymbol{AW})_i}{W_i} \quad (6-4)$$

式中，n 为判断矩阵的阶数；$(\boldsymbol{AW})_i$ 为第 i 个指标的特征向量；W_i 为第 i 个指标的权重；$\lambda_{\max}$ 为判断矩阵 $\boldsymbol{A}$ 的最大特征值。

（2）一致性检验。对于前面得到的向量，还有特征值，进行一致性检验，若能通过检验，意味着判断矩阵是合理的，即存在解释价值。

假定 CI 代表一致性指标，以下为运算方法：

$$CI = \frac{\lambda_{max} - n}{n - 1} \qquad (6-5)$$

以表 6-6 矩阵为例：

首先计算出判断矩阵的最大特征值 $\lambda_{max} = 3.0538$。然后进行一致性检验，需要计算一致性指标 CI：

$$CI = \frac{\lambda_{max} - n}{n - 1} = \frac{3.0538 - 3}{3 - 1} = 0.0269$$

平均随机一致性指标 $RI = 0.58$。随机一致性比率：

$$CR = \frac{CI}{RI} = \frac{0.0269}{0.58} = 0.0464 < 0.1$$

由于 $CR < 0.1$，因此可以认为判断矩阵的构造是合理的，由此可以计算出指标的权重（表 6-7）。

表 6-7　指标权重

指标层	权重
厕所改造及粪污处理（B₁）	0.524 7
生活污水处理（B₂）	0.141 6
生活垃圾处置（B₃）	0.333 8

以下各层次分别按照该方法计算，结果见表 6-8 至表 6-20。

表 6-8　厕所改造及粪污处理判断得分均值（$\lambda_{max} = 4.0736$，
$CI = 0.0245$，$CR = 0.0272 < 0.1$）

指标	粪污处理效果（C₁）	厕所改造用户满意度（C₂）	厕所新建改建过程（C₃）	厕所设备维护管理（C₄）	权重
粪污处理效果（C₁）	1	4	6	5	0.572 4
厕所改造用户满意度（C₂）	1/4	1	1/5	1/6	0.160 2
厕所新建改建过程（C₃）	1/6	5	1	3	0.182 9
厕所设备维护（C₄）	1/5	6	1/3	1	0.084 5

表 6-9　粪污处理效果判断得分均值（$\lambda_{max}=3.0958$，

$CI=0.0479$，$CR=0.0826<0.1$）

指标	无害化效果 （D_1）	资源化利用率 （D_2）	环境影响 （D_3）	权重
无害化效果（D_1）	1	6	5	0.707 1
资源化利用率（D_2）	1/6	1	1/3	0.091 5
环境影响（D_3）	1/5	3	1	0.201 4

表 6-10　厕所改造用户满意度判断得分均值（$\lambda_{max}=4.2160$，

$CI=0.0720$，$CR=0.0800<0.1$）

指标	如厕环境 （D_4）	正常使用 （D_5）	水电成本 （D_6）	厕屋布局 （D_7）	权重
如厕环境（D_4）	1	3	1/2	7	0.306 8
正常使用（D_5）	1/3	1	1/4	7	0.164 1
水电成本（D_6）	2	4	1	8	0.486 9
厕屋布局（D_7）	1/7	1/7	1/8	1	0.042 2

表 6-11　厕所新建改建过程判断得分均值（$\lambda_{max}=2$）

指标	建设成本（D_8）	降本低碳（D_9）	权重
建设成本（D_8）	1	5	0.833 3
降本低碳（D_9）	1/5	1	0.166 7

表 6-12　厕所设备维护管理判断得分均值（$\lambda_{max}=2$）

指标	清淘费用（D_{10}）	监管人员（D_{11}）	权重
清淘费用（D_{10}）	1	5	0.833 3
监管人员（D_{11}）	1/5	1	0.166 7

表 6 - 13　生活污水处理判断得分均值（$\lambda_{max} = 4.2182$，

$CI = 0.0727$，$CR = 0.0808 < 0.1$）

指标	技术效率 （C_5）	经济效益 （C_6）	社会效益 （C_7）	生态效益 （C_8）	权重
技术效率（C_5）	1	3	5	5	0.533 9
经济效益（C_6）	1/3	1	7	4	0.271 3
社会效益（C_7）	1/5	1/7	1	1/3	0.062 2
生态效益（C_8）	1/5	1/4	3	1	0.132 6

表 6 - 14　生活污水处理技术效率判断得分均值（$\lambda_{max} = 7.4400$，

$CI = 0.0733$，$CR = 0.0556 < 0.1$）

指标	工艺 实用性 （D_{12}）	污水处 理总量 （D_{13}）	出水 水质 （D_{14}）	抗冲 击性 （D_{15}）	稳定 运行 （D_{16}）	设计 年限 （D_{17}）	低碳 节能 （D_{18}）	权重
工艺实用性（D_{12}）	1	1/3	1/4	1/5	1/3	2	4	0.087 7
污水处理总量（D_{13}）	3	1	2	3	3	5	6	0.212 3
出水水质（D_{14}）	4	1/2	1	4	4	5	7	0.352 8
抗冲击性（D_{15}）	5	1/3	1/4	1	1/2	1/2	5	0.082 9
稳定运行（D_{16}）	3	1/3	1/4	2	1	3	4	0.161 2
设计年限（D_{17}）	1/2	1/5	1/5	2	1/3	1	3	0.073 1
低碳节能（D_{18}）	1/4	1/6	1/7	1/5	1/4	1/3	1	0.030 0

表 6 - 15　生活污水处理经济效益判断得分均值（$\lambda_{max} = 3.0537$，

$CI = 0.0269$，$CR = 0.0463 < 0.1$）

指标	建设费用（D_{19}）	运行成本（D_{20}）	运维费用（D_{21}）	权重
建设费用（D_{19}）	1	1/2	2	0.311 9
运行成本（D_{20}）	2	1	1/2	0.490 5
运维费用（D_{21}）	1/2	2	1	0.197 6

表 6 - 16 生活垃圾处置判断得分均值（$\lambda_{max}=4.1116$，$CI=0.0372$，$CR=0.0413<0.1$）

指标	垃圾收集环节 （C_9）	垃圾转运环节 （C_{10}）	垃圾处理环节 （C_{11}）	垃圾管理环节 （C_{12}）	权重
垃圾收集环节（C_9）	1	3	1/4	5	0.318 0
垃圾转运环节（C_{10}）	1/3	1	1/5	6	0.117 2
垃圾处理环节（C_{11}）	4	5	1	4	0.484 6
垃圾管理环节（C_{12}）	1/5	1/6	1/4	1	0.080 2

表 6 - 17 生活垃圾收集环节判断得分均值（$\lambda_{max}=3.0037$，$CI=0.0018$，$CR=0.0032<0.1$）

指标	产生量 （D_{22}）	收集点布局 （D_{23}）	居民投放难度 （D_{24}）	权重
产生量（D_{22}）	1	5	5	0.581 3
收集点布局（D_{23}）	1/5	1	3	0.309 2
居民投放难度（D_{24}）	1/5	1/3	1	0.109 6

表 6 - 18 生活垃圾转运环节判断得分均值（$\lambda_{max}=3.0247$，$CI=0.0123$，$CR=0.0213<0.1$）

指标	转运距离 （D_{25}）	运输作业规范性 （D_{26}）	运输方式合理性 （D_{27}）	权重
转运距离（D_{25}）	1	5	5	0.567 9
运输作业规范性（D_{26}）	1/5	1	1/4	0.098 2
运输方式合理性（D_{27}）	1/5	4	1	0.333 9

表 6 - 19 生活垃圾处理环节判断得分均值（$\lambda_{max}=4.1418$，$CI=0.0473$，$CR=0.0525<0.1$）

指标	危险程度 （D_{28}）	无害化程度 （D_{29}）	减量化程度 （D_{30}）	资源化程度 （D_{31}）	权重
危险程度（D_{28}）	1	6	4	3	0.358 2
无害化程度（D_{29}）	1/6	1	5	5	0.431 0

（续）

指标	危险程度 （D_{28}）	无害化程度 （D_{29}）	减量化程度 （D_{30}）	资源化程度 （D_{31}）	权重
减量化程度（D_{30}）	1/4	1/5	1	3	0.073 2
资源化程度（D_{31}）	1/3	1/5	1/3	1	0.137 6

表 6 - 20　生活垃圾管理环节判断得分均值（$\lambda_{\max}=3.0092$，
$CI=0.0046$，$CR=0.0078<0.1$）

指标	是否设立制度 （D_{32}）	资金使用是否规范 （D_{33}）	人员配备是否科学 （D_{34}）	权重
是否设立制度（D_{32}）	1	3	2	0.539 0
资金使用是否规范（D_{33}）	1/3	1	1/2	0.163 8
人员配备是否科学（D_{34}）	1/2	2	1	0.297 3

2. 基于模糊综合评价法评价整治效果

（1）指标隶属度的确定。为了确定雷山县农村人居环境整治效果的指标隶属度，将其划分为 5 个不同的等级，包括非常好、比较好、一般、比较差、非常差，用以形成人居环境整治效果评价集。同时，结合对 13 名访谈者的调研结果，进一步形成雷山县 6 个村庄人居环境整治效果评定表。这 13 名访谈者涵盖了不同角色和背景。其中，有 3 名是专门负责雷山县农村地区人居环境整治工作的一线基层干部，他们负责管理村级的工作，如村党支部书记和县级农村工作人员等；有 4 名研究方向为农村人居环境整治的学者，包括科研院所的研究员和高校教授；还有 6 名积极参与人居环境整治工作、在村里备受尊重的村民（每村 1 名）。

通过对这些访谈者的详细访谈，笔者整理出了具体的访谈结果，并将其呈现在表 6 - 21 至表 6 - 26 中。

表 6－21　达地村农村人居环境整治效果评价

指标	非常好	比较好	一般	比较差	非常差
无害化效果（D_1）	2	3	3	2	3
资源化利用率（D_2）	3	3	0	2	5
环境影响（D_3）	1	1	3	3	5
如厕环境（D_4）	1	3	3	2	4
正常使用（D_5）	0	1	3	5	4
水电成本（D_6）	1	3	5	2	2
厕屋布局（D_7）	1	3	3	2	4
建设成本（D_8）	0	1	5	4	3
降本低碳（D_9）	2	1	1	4	5
清淘费用（D_{10}）	3	1	2	3	4
监管人员（D_{11}）	1	1	1	5	5
工艺实用性（D_{12}）	1	1	3	4	4
污水处理总量（D_{13}）	1	0	3	5	4
出水水质（D_{14}）	0	1	5	4	3
抗冲击性（D_{15}）	3	2	2	3	3
稳定运行（D_{16}）	0	0	7	3	3
设计年限（D_{17}）	1	2	3	4	3
低碳节能（D_{18}）	1	1	4	3	4
建设费用（D_{19}）	3	0	2	3	5
运行成本（D_{20}）	2	2	1	3	5
运维费用（D_{21}）	0	3	3	3	4
产生量（D_{22}）	3	1	0	4	5
收集点布局（D_{23}）	1	1	2	6	3
居民投放难度（D_{24}）	2	3	2	3	3
转运距离（D_{25}）	2	2	2	5	2
运输作业规范性（D_{26}）	3	3	1	2	4
运输方式合理性（D_{27}）	2	0	3	4	4

（续）

指标	非常好	比较好	一般	比较差	非常差
危险程度（D_{28}）	0	5	1	5	2
无害化程度（D_{29}）	2	2	2	3	4
减量化程度（D_{30}）	1	2	2	4	4
资源化程度（D_{31}）	1	2	5	3	2
是否设立制度（D_{32}）	1	1	3	3	5
资金使用是否规范（D_{33}）	0	3	2	4	4
人员配备是否科学（D_{34}）	1	2	3	5	2

表 6-22　背略村农村人居环境整治效果评价

指标	非常好	比较好	一般	比较差	非常差
无害化效果（D_1）	1	2	4	3	3
资源化利用率（D_2）	0	1	5	4	3
环境影响（D_3）	1	0	7	3	2
如厕环境（D_4）	2	0	3	3	5
正常使用（D_5）	1	1	2	5	4
水电成本（D_6）	2	3	4	2	2
厕屋布局（D_7）	1	2	4	2	4
建设成本（D_8）	2	2	2	5	2
降本低碳（D_9）	3	1	2	5	2
清淘费用（D_{10}）	2	1	3	5	2
监管人员（D_{11}）	1	1	4	5	2
工艺实用性（D_{12}）	0	1	5	5	2
污水处理总量（D_{13}）	0	1	5	5	2
出水水质（D_{14}）	1	2	5	2	2
抗冲击性（D_{15}）	3	1	5	2	2
稳定运行（D_{16}）	1	2	4	4	2
设计年限（D_{17}）	1	0	4	4	4

（续）

指标	非常好	比较好	一般	比较差	非常差
低碳节能（D_{18}）	1	1	5	2	4
建设费用（D_{19}）	2	0	4	4	3
运行成本（D_{20}）	1	1	4	5	2
运维费用（D_{21}）	2	2	2	3	4
产生量（D_{22}）	1	2	3	4	3
收集点布局（D_{23}）	0	2	3	3	5
居民投放难度（D_{24}）	1	1	4	3	4
转运距离（D_{25}）	1	2	2	4	4
运输作业规范性（D_{26}）	1	2	2	3	5
运输方式合理性（D_{27}）	1	3	4	3	2
危险程度（D_{28}）	0	1	3	5	4
无害化程度（D_{29}）	1	2	3	3	4
减量化程度（D_{30}）	3	1	4	2	3
资源化程度（D_{31}）	1	0	5	5	2
是否设立制度（D_{32}）	2	2	4	3	2
资金使用是否规范（D_{33}）	1	2	4	3	3
人员配备是否科学（D_{34}）	1	2	5	3	2

表 6 - 23　咱刀村农村人居环境整治效果评价

指标	非常好	比较好	一般	比较差	非常差
无害化效果（D_1）	2	1	6	2	2
资源化利用率（D_2）	3	1	3	2	4
环境影响（D_3）	2	1	5	1	4
如厕环境（D_4）	0	2	3	4	4
正常使用（D_5）	1	1	3	4	4
水电成本（D_6）	2	0	3	4	4
厕屋布局（D_7）	2	2	2	4	3

（续）

指标	非常好	比较好	一般	比较差	非常差
建设成本（D_8）	2	1	3	3	4
降本低碳（D_9）	0	2	4	4	3
清淘费用（D_{10}）	0	2	2	3	6
监管人员（D_{11}）	2	1	2	1	7
工艺实用性（D_{12}）	3	2	4	2	2
污水处理总量（D_{13}）	1	1	6	2	3
出水水质（D_{14}）	2	4	5	1	1
抗冲击性（D_{15}）	2	0	2	5	4
稳定运行（D_{16}）	2	2	3	2	4
设计年限（D_{17}）	0	3	6	1	3
低碳节能（D_{18}）	1	2	5	2	3
建设费用（D_{19}）	1	0	3	3	6
运行成本（D_{20}）	0	1	3	5	4
运维费用（D_{21}）	2	2	3	5	1
产生量（D_{22}）	0	6	1	3	3
收集点布局（D_{23}）	2	5	2	2	2
居民投放难度（D_{24}）	1	4	1	5	2
转运距离（D_{25}）	0	2	5	2	4
运输作业规范性（D_{26}）	2	3	2	4	2
运输方式合理性（D_{27}）	2	1	2	6	2
危险程度（D_{28}）	4	2	3	2	2
无害化程度（D_{29}）	2	4	2	4	1
减量化程度（D_{30}）	2	3	2	1	5
资源化程度（D_{31}）	0	5	1	4	3
是否设立制度（D_{32}）	0	3	4	3	3
资金使用是否规范（D_{33}）	2	3	1	4	3
人员配备是否科学（D_{34}）	1	5	3	2	2

表 6-24　南猛村农村人居环境整治效果评价

指标	非常好	比较好	一般	比较差	非常差
无害化效果（D_1）	4	3	4	2	2
资源化利用率（D_2）	6	3	2	1	1
环境影响（D_3）	4	2	4	1	2
如厕环境（D_4）	7	2	3	0	1
正常使用（D_5）	4	4	2	1	2
水电成本（D_6）	3	4	3	2	1
厕屋布局（D_7）	3	6	1	2	1
建设成本（D_8）	3	2	5	1	2
降本低碳（D_9）	4	2	2	4	1
清淘费用（D_{10}）	6	3	1	2	1
监管人员（D_{11}）	2	7	2	1	1
工艺实用性（D_{12}）	2	3	1	5	2
污水处理总量（D_{13}）	3	1	5	2	2
出水水质（D_{14}）	1	2	4	3	3
抗冲击性（D_{15}）	1	4	1	4	5
稳定运行（D_{16}）	3	7	1	2	0
设计年限（D_{17}）	2	1	2	4	4
低碳节能（D_{18}）	4	2	2	3	2
建设费用（D_{19}）	5	5	1	1	1
运行成本（D_{20}）	3	5	3	1	1
运维费用（D_{21}）	1	4	3	4	1
产生量（D_{22}）	3	3	3	2	2
收集点布局（D_{23}）	5	3	3	1	1
居民投放难度（D_{24}）	3	6	0	2	2
转运距离（D_{25}）	3	5	2	0	3
运输作业规范性（D_{26}）	2	3	3	3	2
运输方式合理性（D_{27}）	2	2	3	6	0

（续）

指标	非常好	比较好	一般	比较差	非常差
危险程度（D_{28}）	5	2	3	2	1
无害化程度（D_{29}）	2	3	3	3	2
减量化程度（D_{30}）	1	7	3	1	1
资源化程度（D_{31}）	4	1	4	3	1
是否设立制度（D_{32}）	6	2	2	2	1
资金使用是否规范（D_{33}）	3	5	1	0	4
人员配备是否科学（D_{34}）	4	3	3	1	2

表 6-25　脚猛村农村人居环境整治效果评价

指标	非常好	比较好	一般	比较差	非常差
无害化效果（D_1）	2	3	3	2	3
资源化利用率（D_2）	2	5	2	3	1
环境影响（D_3）	3	5	2	2	1
如厕环境（D_4）	4	3	1	3	2
正常使用（D_5）	4	1	3	3	2
水电成本（D_6）	2	4	2	4	1
厕屋布局（D_7）	4	6	2	1	0
建设成本（D_8）	2	1	5	3	2
降本低碳（D_9）	2	5	3	1	2
清淘费用（D_{10}）	3	5	2	1	2
监管人员（D_{11}）	2	2	1	5	3
工艺实用性（D_{12}）	5	5	2	0	1
污水处理总量（D_{13}）	3	2	5	2	1
出水水质（D_{14}）	2	3	3	2	3
抗冲击性（D_{15}）	2	5	3	1	1
稳定运行（D_{16}）	2	4	1	2	4
设计年限（D_{17}）	1	3	4	3	2

（续）

指标	非常好	比较好	一般	比较差	非常差
低碳节能（D_{18}）	4	3	2	2	2
建设费用（D_{19}）	3	1	4	2	3
运行成本（D_{20}）	3	4	4	1	1
运维费用（D_{21}）	3	5	2	1	2
产生量（D_{22}）	3	3	3	2	2
收集点布局（D_{23}）	4	5	3	0	1
居民投放难度（D_{24}）	4	1	2	4	2
转运距离（D_{25}）	2	6	3	1	1
运输作业规范性（D_{26}）	5	1	3	2	2
运输方式合理性（D_{27}）	3	1	3	3	3
危险程度（D_{28}）	2	4	4	1	2
无害化程度（D_{29}）	4	3	5	1	0
减量化程度（D_{30}）	4	3	2	2	2
资源化程度（D_{31}）	3	3	4	1	2
是否设立制度（D_{32}）	3	1	5	3	1
资金使用是否规范（D_{33}）	6	1	4	1	1
人员配备是否科学（D_{34}）	3	3	3	3	1

表 6 - 26　柳排村农村人居环境整治效果评价

指标	非常好	比较好	一般	比较差	非常差
无害化效果（D_1）	3	2	4	2	2
资源化利用率（D_2）	2	3	5	2	1
环境影响（D_3）	3	2	3	3	2
如厕环境（D_4）	2	5	3	1	2
正常使用（D_5）	1	2	4	4	2
水电成本（D_6）	2	3	5	3	0
厕屋布局（D_7）	1	4	3	3	2

95

（续）

指标	非常好	比较好	一般	比较差	非常差
建设成本（D_8）	3	2	5	1	2
降本低碳（D_9）	2	3	2	3	3
清淘费用（D_{10}）	4	4	2	1	2
监管人员（D_{11}）	3	3	2	4	1
工艺实用性（D_{12}）	4	3	2	3	1
污水处理总量（D_{13}）	3	3	4	1	2
出水水质（D_{14}）	2	3	5	1	2
抗冲击性（D_{15}）	4	3	2	2	2
稳定运行（D_{16}）	4	3	3	2	1
设计年限（D_{17}）	2	3	5	2	1
低碳节能（D_{18}）	3	2	1	3	4
建设费用（D_{19}）	2	4	1	1	5
运行成本（D_{20}）	1	3	5	3	1
运维费用（D_{21}）	3	4	3	3	0
产生量（D_{22}）	2	1	6	2	2
收集点布局（D_{23}）	1	4	4	2	2
居民投放难度（D_{24}）	2	5	1	3	2
转运距离（D_{25}）	1	4	3	2	3
运输作业规范性（D_{26}）	1	1	4	3	4
运输方式合理性（D_{27}）	4	4	3	1	1
危险程度（D_{28}）	2	4	3	2	2
无害化程度（D_{29}）	5	4	2	1	1
减量化程度（D_{30}）	4	3	2	3	1
资源化程度（D_{31}）	4	4	2	2	1
是否设立制度（D_{32}）	2	3	5	1	2
资金使用是否规范（D_{33}）	2	2	3	3	3
人员配备是否科学（D_{34}）	3	4	3	2	1

在本书的综合评价中，对于每一个指标设定 5 个级别评语，即
V＝[V1，V2，V3，V4，V5]＝[很好，较好，一般，较差，很
差]，并且赋值为 V＝[100，80，60，40，20]，由 13 名访谈者单
独对指标层的每个指标进行等级打分。综合每个人对该指标的打分
次数，得出该指标属于某个评语等级的隶属度，从而建立单因素模
糊综合判断矩阵，计算过程如下：

厕所改造及粪污处理（B₁）的评价向量：

$\boldsymbol{B}_1 = (0.5724，0.1602，0.1829，0.0845)$

$$\begin{bmatrix} 0.145392 & 0.199785 & 0.209654 & 0.169338 & 0.275831 \\ 0.064300 & 0.205523 & 0.305677 & 0.191715 & 0.232785 \\ 0.025646 & 0.076923 & 0.333323 & 0.307692 & 0.256415 \\ 0.205123 & 0.076923 & 0.141023 & 0.256415 & 0.320515 \end{bmatrix}$$

$= (0.115547，0.167851，0.241857，0.205586，0.26916)$

生活污水处理（B₂）的评价向量：

$\boldsymbol{B}_2 = (0.5339，0.2713，0.0622，0.1326)$

$$\begin{bmatrix} 0.050138 & 0.060192 & 0.330577 & 0.302938 & 0.256154 \\ 0.147438 & 0.121062 & 0.131315 & 0.230769 & 0.369415 \\ 0.076923 & 0.230769 & 0.230769 & 0.307692 & 0.153846 \\ 0.076923 & 0.153846 & 0.076923 & 0.307692 & 0.384615 \end{bmatrix}$$

$= (0.081754，0.099735，0.236675，0.284285，0.297552)$

生活垃圾处置（B₃）的评价向量：

$\boldsymbol{B}_3 = (0.318，0.1172，0.4846，0.0802)$

$$\begin{bmatrix} 0.174792 & 0.093792 & 0.064431 & 0.346862 & 0.320223 \\ 0.161400 & 0.110031 & 0.171977 & 0.336269 & 0.220323 \\ 0.082523 & 0.236508 & 0.158046 & 0.291508 & 0.231415 \\ 0.064331 & 0.125000 & 0.218192 & 0.289131 & 0.303446 \end{bmatrix}$$

$= (0.11965，0.167358，0.134733，0.314166，0.264133)$

进而可以得到一级指标的模糊隶属度矩阵：

$$\boldsymbol{R} = \begin{bmatrix} 0.115547 & 0.167851 & 0.241857 & 0.205586 & 0.269160 \\ 0.081754 & 0.099735 & 0.236675 & 0.284285 & 0.297552 \\ 0.119650 & 0.167358 & 0.134733 & 0.314166 & 0.264133 \end{bmatrix}$$

前面用层次分析法求出一级指标的权向量：

$$\boldsymbol{W} = (0.5247，0.1416，0.3338)$$

将一级指标的权向量和一级指标的模糊隶属度矩阵进行相乘得到整体评价向量：

$$\boldsymbol{B} = \boldsymbol{WR} = (0.112143，0.158058，0.205389，0.252994，0.271529)$$

根据目标层评价向量和等级分值向量，利用 $\boldsymbol{F} = \boldsymbol{VB}^{\mathrm{T}}$ 算出评价分值（表 6-27）。

$$\boldsymbol{F} = \boldsymbol{VB}^{\mathrm{T}} = \begin{bmatrix} 100，80，60，40，20 \end{bmatrix} \begin{bmatrix} 0.112143 \\ 0.158058 \\ 0.205389 \\ 0.252994 \\ 0.271529 \end{bmatrix} = 51.7326$$

表 6-27　雷山县 6 个典型村庄农村人居环境整治
技术模式评价综合得分

指标	达地村	背略村	咱刀村	南猛村	脚猛村	柳排村
无害化效果（D_1）	58.461 5	52.307 7	58.461 5	66.666 7	58.461 5	63.076 9
资源化利用率（D_2）	55.384 6	46.153 8	55.384 6	68.000 0	66.153 8	64.615 4
环境影响（D_3）	44.615 4	52.307 7	53.846 2	58.666 7	70.769 2	61.538 5
如厕环境（D_4）	52.307 7	46.153 8	44.615 4	81.538 5	66.153 8	66.153 8
正常使用（D_5）	41.538 5	44.615 4	46.153 8	70.769 2	63.076 9	53.846 2
水电成本（D_6）	58.461 5	61.538 5	47.692 3	69.230 8	63.076 9	66.153 8
厕屋布局（D_7）	52.307 7	50.769 2	53.846 2	72.307 7	80.000 0	58.461 5
建设成本（D_8）	46.153 8	55.384 6	50.769 2	64.615 4	56.923 1	64.615 4

（续）

指标	达地村	背略村	咱刀村	南猛村	脚猛村	柳排村
降本低碳（D_9）	46.153 8	56.923 1	47.692 3	66.153 8	66.153 8	56.923 1
清淘费用（D_{10}）	53.846 2	53.846 2	40.000 0	76.923 1	69.230 8	70.769 2
监管人员（D_{11}）	41.538 5	50.769 2	44.615 4	72.307 7	52.307 7	64.615 4
工艺实用性（D_{12}）	46.153 8	47.692 3	63.076 9	56.923 1	80.000 0	69.230 8
污水处理总量（D_{13}）	43.076 9	47.692 3	52.307 7	61.538 5	66.153 8	66.153 8
出水水质（D_{14}）	46.153 8	44.615 4	67.692 3	52.307 7	58.461 5	63.076 9
抗冲击性（D_{15}）	58.461 5	61.538 5	46.153 8	56.923 1	67.692 3	67.692 3
稳定运行（D_{16}）	46.153 8	55.384 6	53.846 2	76.923 1	56.923 1	70.769 2
设计年限（D_{17}）	50.769 2	44.615 4	53.846 2	49.230 8	56.923 1	64.615 4
低碳节能（D_{18}）	47.692 3	49.230 8	53.846 2	64.615 4	67.692 3	55.384 6
建设费用（D_{19}）	49.230 8	50.769 2	40.000 0	78.461 5	58.461 5	55.384 6
运行成本（D_{20}）	49.230 8	50.769 2	41.538 5	72.307 7	70.769 2	60.000 0
运维费用（D_{21}）	47.692 3	52.307 7	58.461 5	60.000 0	69.230 8	70.769 2
产生量（D_{22}）	49.230 8	50.769 2	55.384 6	64.615 4	64.615 4	58.461 5
收集点布局（D_{23}）	46.153 8	43.076 9	64.615 4	75.384 6	76.923 1	60.000 0
居民投放难度（D_{24}）	56.923 1	50.769 2	55.384 6	69.230 8	61.538 5	63.076 9
转运距离（D_{25}）	55.384 6	47.692 3	47.692 3	67.692 3	70.769 2	56.923 1
运输作业规范性（D_{26}）	58.461 5	49.230 8	58.461 5	60.000 0	67.692 3	47.692 3
运输方式合理性（D_{27}）	47.692 3	56.923 1	52.307 7	60.000 0	56.923 1	73.846 2
危险程度（D_{28}）	53.846 2	41.538 5	66.153 8	72.307 7	64.615 4	63.076 9
无害化程度（D_{29}）	52.307 7	49.230 8	63.076 9	60.000 0	75.384 6	76.923 1
减量化程度（D_{30}）	47.692 3	58.461 5	53.846 2	69.230 8	67.692 3	69.230 8
资源化程度（D_{31}）	55.384 6	49.230 8	52.307 7	66.153 8	66.153 8	69.230 8
是否设立制度（D_{32}）	44.615 4	58.461 5	50.769 2	75.384 6	63.076 9	63.076 9
资金使用是否规范（D_{33}）	46.153 8	52.307 7	55.384 6	64.615 4	75.384 6	55.384 6

（续）

指标	达地村	背略村	咱刀村	南猛村	脚猛村	柳排村
人员配备是否科学（D_{34}）	52.307 7	55.384 6	61.538 5	69.230 8	66.153 8	69.230 8
粪污处理效果（C_1）	55.391 4	51.744 6	57.250 5	65.177 5	61.644 2	62.907 8
厕所改造用户满意度（C_2）	53.536 8	53.586 9	46.755 5	73.389 1	64.735 1	63.809 5
厕所新建改建过程（C_3）	46.153 8	55.641 1	50.256 3	64.871 8	58.461 8	63.333 1
厕所设备维护管理（C_4）	51.794 5	53.333 2	40.769 4	76.153 7	66.409 7	69.743 4
技术效率（C_5）	46.904 5	48.815 8	58.576 3	59.167 1	62.665 2	65.774 2
经济效益（C_6）	48.926 8	51.073 2	44.402 6	71.795 1	66.626 5	60.688 5
社会效益（C_7）	55.384 6	55.384 6	56.923 1	72.307 7	72.307 7	60.000 0
生态效益（C_8）	44.615 4	63.076 9	55.384 6	67.692 3	67.692 3	64.615 4
垃圾收集环节（C_9）	49.127 4	48.395 8	58.244 3	68.457 5	68.090 2	59.448 9
垃圾转运环节（C_{10}）	53.118 3	50.925 5	50.290 9	64.368 5	65.843 8	61.667 2
垃圾处理环节（C_{11}）	52.944 3	47.151 1	62.021 5	65.931 1	69.693 8	70.341 8
垃圾管理环节（C_{12}）	47.158 8	56.544 6	54.732 0	71.798 6	66.014 0	63.652 8
厕所改造及粪污处理（B_1）	53.100 8	52.886 7	52.897 3	67.364 6	61.960 0	63.707 7
生活污水处理（B_2）	47.677 0	51.727 9	54.204 9	64.540 8	65.006 3	63.881 6
生活垃圾处置（B_3）	51.286 9	48.742 6	58.860 9	67.021 9	68.437 5	65.324 8
整体	51.732 6	51.344 6	55.078 4	66.857 1	64.559 7	64.278 5

　　根据计算的综合评价指标结果，雷山县6个村庄的人居环境整治技术及模式效果综合评价得分从高到低依次为南猛村、脚猛村、柳排村、咱刀村、达地村和背略村，其中有3个村的得分在一般和较好之间，表明雷山县农村人居环境经过近几年的整治，其技术的适用性、模式的适配性、农民的满意度等方面都取得了不错的效果，有3个村得分在一般和较差之间，但更接近一般，

说明这 3 个村整体尚可，但存在一些不足的地方。比如咱刀村在厕所粪污的清淘费用这一项上仅得到 40 分，处于较差的分数段，说明该地区在厕所末端清淘上尚需寻找减少费用降低村民成本的路径。

第七章　推进农村人居环境整治的政策建议

　　虽然农村人居环境整治工作取得显著成效，但是还存在高质量发展的短板。当前，农村人居环境整治工作普遍存在技术路线不合理问题，采用的技术模式不能体现农村特点，很多农村地区甚至完全照搬照抄城市环境整治经验，和农村实际情况脱节，造成建成即废弃的普遍现象。此外，现有的农村人居环境整治技术模式的资源化利用程度不高，存在过度处理、成本过高、操作复杂等问题，严重影响人居环境整治工作成效。

　　2019 年，国务院农村人居环境整治大检查第九组在安徽省检查时发现，合肥市肥西县、淮南市凤台县等部分地区农村污水处理设施缺乏有效维护，管理人员业务不熟悉。出现这些问题最主要的原因是农村污水处理设施建设照搬城市污水处理模式，做成了城市污水处理厂的"缩小版"，工艺和维护流程并没有减少，增加了基层运维负担，出现了"水土不服"。具体问题表现如下：

　　一是建设和管护成本高。村镇污水处理设施的建设成本主要包括管道铺设、设备购买、设施建设。据当地专家介绍，安徽目前污水主管道综合造价约 400 元/m，入户支管 160 元/m。污水处理设备出水达到一级 A 标准造价为 0.8 万元/t，运行成本约 1 元/t；出水一级 B 标准造价为 1.4 万元/t，运行成本约 1.2 元/t。检查组抽查的几个村污水处理系统造价都在百万元以上，年维护成本数万元，均由财政支出。

二是管护难度大。城市污水处理设施规模大，每一个环节都由专人管理。农村污水处理设施是城市的"缩小版"，要求管护人员技术全面，在农村"空心化"情况下很难做到。肥西县铭传乡井王社区中心村的污水处理设施，采用缺氧＋厌氧＋好氧＋潜流湿地工艺，配以污泥和硝化液回流，用太阳能发电提供动力。该种模式横跨多个专业，需要有较深专业知识和丰富经验的技术人员进行管护，当地农民只能委托第三方公司运营。检查组检查时发现管护人员缺岗，现场人员回答不出任何专业问题。

三是难以适应农村生活污水排放的峰谷差变化。由于大量农村人口进城务工，春节和重要节假日返乡，造成平时排水量和节假日排水量出现明显落差。现有设计在污水流量不足的情况下，容易导致微生物死亡、湿地"死床"，需要重新修复后才能启动。节假日进水大爆发，又容易超出处理设施承受能力，导致处理工艺失效。检查组所到的村庄，常住人口只有户籍人口的 1/3，大都是老人和孩子，检查的处理设施基本处于干涸或停工状态。

农村生活污水看似"废水"，实是"肥水"，其主要成分是氮、磷和其他有机物，有毒有害物质较少。这些物质排入河流湖泊易造成水体富营养化，但对农田来说，则是营养物质，充分利用可以节水节肥。目前，各地建设的农村污水处理设施基本比照城市的排放标准，出水按照一级 A 标准或一级 B 标准设计，实际上造成了过度处理。考虑到农村地域广阔、植被丰富，自然净化能力强，农业生产对氮、磷存在客观需要，农村污水处理应采用比城市更为灵活多样的方式，不宜简单化、"一刀切"。

▶ 二、启示与建议

1. 因地制宜，分区分片确定治理模式和方法

农村人居环境整治在技术上仍处于探索阶段，例如对农村垃圾的处置在技术上常直接参考城市处置模式，缺少对堆肥等资源化利用的设计；农村居民居住地较为分散，需要低成本、低能耗、易维护、高效率的污水处理技术，给污水处理带来了难题。因此需要创新技术工艺，因地制宜，分类分级制定农村环境整治技术指南。

建议针对农村环境特点和区域发展现状，因地制宜，因村施策，分区分片确定治理模式和方法。各地从实际情况出发，结合先进经验，创造性地探索出具有地方特色的新型治理方式。

2. 构建生产生活一体化模式，建立就地循环利用机制

将农村污水治理、垃圾处置、厕所改造纳入农村人居环境整治的整体布局，实施"源头控制、过程治理、末端利用"，根据"轻处理，重利用"的治理思路，借助自然地理条件、环境消纳能力，采用生态处理工艺，构建生产生活一体化模式，建立就地循环利用机制。

建议以农村改厕、污水收集为源头控制；打通村内水系，实施雨污分离、黑灰水分离，发挥村内沟渠、坑塘的净水功能，发挥农户房前屋后、村内闲置土地的蓄水和污染吸收功能，开展农村水环境的过程治理；以建设生态庭院和美丽田园为末端利用方式，实现农村污水处理、垃圾处置与生态农业发展、农村生态文明建设有机衔接。

3. 推行成本低、效率高、免管护少管护的技术

农村人居环境整治工作应充分利用农村地广人稀、自然净化能力强的特点，尽可能将生活污水和有机垃圾资源化利用，将工程措施和生态措施相结合，推广符合当地实际的低成本、低能耗、高效

率、免管护少管护的技术模式。

　　建议各地对农村污水和垃圾处理方式重新进行梳理，总结工程量小、维护简便、可就地循环的处理经验。例如，根据当地农业水肥需求制定生活污水处理技术方案。在农村改厕工程中，每户建设小三格化粪池收集厕所污水。将厕所污水集中到污水处理池，对黑水和灰水统一深度净化，出水灌溉五小园（菜园、果园、花园、竹园、茶园）或排进大田。鼓励农户在自留菜地中建设储粪池，在田间修建大三格化粪池，统一处理生活污水。与种田大户合作，以滴灌和喷灌方式将污水处理后自动还田。

第八章 重大疫情背景下的农村人居环境整治思考

近年来，我国农村人居环境整治工作动作快、力度大、投入多，全方位覆盖、分类别施策、多主体参与、整体性推进，美丽中国的乡村图景正在逐渐显现。成绩的取得，与党和国家的系统谋划、统筹安排密不可分。但是，农村人居环境整治还有不少"硬骨头"要啃。比如，一些村镇的人居环境规划制定缺乏整体性和长远性，执行过程中又常常"一刀切"，尊重农户意愿不够，动员农户参与不足，重建轻管、只建不管现象还一定程度存在。

农村地区是疫情防控的重要组成部分，更是疫情防控的薄弱环节。各地根据农村地区疫情防控实际，深入推进农村人居环境整治，既要着眼疫情防控期间的应急之策，更要强化疫情过后的长期政策。

▶ 一、疫情防控期间的应急政策建议

做好农村疫情防控是打赢疫情防控阻击战的重要环节，而干净整洁的人居环境则是打好农村阻击战的基础保障，通过农村人居环境整治引导农民群众加强家庭院落卫生保洁，科学参与疫情防控，既有效动员了广大群众参与疫情防控工作的积极性，也为群众营造了一个良好的生活环境。

1. 强化宣传引导，提高村民对疫情和人居环境重视程度

新冠疫情是最近的一次全国重大疫情，抗击疫情期间全国上下严阵以待，农村更是重要的战场。各省份启动一级响应后，广袤农村纷纷拉起最强防护措施，不少地方甚至采取了土堆断路、砌墙断道等极端做法，工作方式简单粗暴。防控疫情是系统工程，需要每个人的参与，尤其需要农村干部加强农村人居环境和卫生健康知识的普及和宣传，当好群众的领路人，使防疫工作事半功倍。

结合疫情防控同步强化农村人居环境整治宣传教育。充分利用宣传车、广播站、宣传单、张贴标语、悬挂横幅、微信群、QQ群等线下和线上方式，加大农村人居环境整治宣传力度，重点宣传病毒的传播防治，普及强化卫生健康知识，消除群众恐慌心理，教育引导群众不听谣、不传谣、不信谣，同时动员大家做好自身防护，做到居家室内勤通风、勤换气、出门戴口罩、勤洗手、不串门、不聚集，增强村民卫生健康意识和自我保护能力。

根据农村特点和各地疫情，既要防止人群聚集式活动，又要突出重点讲求实效，突出整治重点，充分发挥党建引领作用，党员干部带头开展房前屋后环境卫生清理整治，引导农民群众自觉打扫房前房后、屋内屋外，做好环境卫生"门前三包"。指导农民群众加强畜禽养殖管理，及时清扫畜禽粪污，尽量避免人直接接触畜禽、野生动物及其排泄物和分泌物，减少人畜共患病传播风险。切实强化基层责任尤其是自然村和社区责任，确保任务切实落实到户到人，全力做好农村人居环境整治，为打赢疫情防控阻击战夯实基础。

2. 出台扶持政策，推动疫情防控期间农村人居环境整治工作

中央财政要出台扶持政策，地方政府要统筹整合相关渠道资金，共同加大农村人居环境整治工作的财政投入力度。地方各级政府在分配人居环境整治资金时，要结合本地区疫情防控的实际，向受疫情影响较重的农村倾斜，防止疫情次生灾害对生态环境和人民群众健康造成不良影响。同时，资金使用要聚焦重点支出方向，根据疫情防控需要，水体污染防治资金可用于支持开展应急监测和处置、水源地环境保护等工作；土壤污染防治资金可用于支持农村卫生防护垃圾和危险废物的应急处置。

疫情是考验也是契机，建立健全并认真落实农村环境管理特殊时期应急机制，确保疫情防控期间垃圾有人清、污水不乱排、厕所有人管。具体而言：

一是加强农村生活垃圾处置。要开展就地分类、源头减量试点，确保垃圾有人清、及时清，具备一定条件要及时进行消毒。二是注重农村生活污水治理。充分重视疫情防控期间农村污水处理设施的安全运行，确保农村污水处理设施的正常维护，杜绝农村污水乱排现象。三是扎实推进农村"厕所革命"。要因地制宜、稳步推进农村户用厕所无害化改造，同时加强农村厕所粪污管控，杜绝上游排污下游洗菜等现象，减少粪口传播隐患。四是引导村民养成良好卫生习惯。要引导村民养成勤洗手、勤打扫、不随地吐痰等良好卫生习惯，树立健康卫生理念，养成健康生活方式。

3. 建立疫情防控期间特殊地区、类型的农村废物管理机制

在村庄人口密集场所，特别是有疫情暴发的农村敏感地区，要建立疫情防控期间的农村废物管理机制，明确疫情防控特殊时期农村生活垃圾收运处置的具体要求。

疫情防控期间，加强农村地区生活垃圾收运处置，增加收运频次，开展消杀工作，做到垃圾应收尽收，尽最大努力减少农村地区生活垃圾积压。实行生活垃圾全程密闭运输，严禁垃圾抛撒滴漏，防止二次污染可能造成的病毒传播。要强化农村生活垃圾收运人员防护，加大垃圾收集点、转运站以及运输车辆的消杀力度。

加强对口罩的专项收集运输，设置废弃口罩专用垃圾桶，确保一个行政村至少设置一个专用废弃口罩垃圾桶，同时努力做到

对废弃口罩垃圾桶专人收集、专项运输。努力做到废弃口罩应收尽收并进行无害化处理。应从村级医疗废物的分类收集暂存工作入手，严格落实分类收集、规范包装、专区暂存、专人管理等措施。

建立由地方政府和相关职能部门组成的农村生活垃圾收运处置专项工作组，健全疫情防控联动机制。组建村庄沟通排查队伍，专项督查疫情防控期间农村生活垃圾是否积压、是否及时收运，环卫工人安全防护是否到位等，以促进防控工作开展。

疫情防控期间应尽量停止农村化粪池吸粪作业，必须清淘粪污并转运的，要尽量做好密封措施和先期消毒工作，相关人员配备防护服和卫生消毒设施。严格将厕所的清扫和消毒纳入农村疫情防控工作。首先无论是户用还是公用厕所都应注意卫生清洁，做到"日扫日清"，尤其是公厕，除每日开放前、关闭后要全面消毒外，在开放期间也应有专人清扫消毒。而有疑似病例出现的地区则应在基础管护措施上，结合如厕人员流动情况，有针对性地加大厕所保洁力度和清洁频次。

二、疫情过后的长期政策建议

各地区的农村人居环境整治工作，应根据不同发展时期有所调整及侧重，杜绝"拍脑袋"和"一刀切"的现象。坚持"政府引导，科学规划，统筹推进，突出重点，有序实施，因地制宜，分类施策"的原则，分主次逐步开展农村人居环境整治工作。

1. 健全农村人居环境长期监测网络体系，建立农村人居环境质量报告书制度

建议农业农村部牵头，组织开展全国农村人居环境状况大调查，摸清我国农村地区污水、垃圾、厕所的产排污现状。选择典型农村，建立全国农村人居环境定位监测点，健全农村人居环境长期

监测网络体系，科学开展年度例行监测工作。强化农村人居环境监测网络的运行机制，加强监测数据资料的科学管理，确保监测数据信息的高效传递。建立农村人居环境质量报告书制度，定期发布全国农村人居环境质量监测报告或者白皮书。

2. 注重农村人居环境整治规划先行，建立行业技术专家全过程参与制度

农村人居环境整治应注重规划先行，做好整体规划，分步实施，有序推进。各省份根据实际情况，分清轻重缓急，做好整体规划。因村制宜，编制村庄人居环境建设规划，注意把握好整治力度、建设程度、推进速度与财力承受度、农民接受度的关系，不搞千村一面，不吊高群众胃口，不提超越发展阶段的目标。当前农村在开展垃圾处置、污水处理、厕所改造等人居环境整治工作时，各地政府普遍存在"拍脑袋"现象，相关工程建设直接招投标，没有专家参与，没有专家论证，造成工程建成后"晒太阳"的局面，导致农村人居环境整治工作的失败。对此应建立行业技术专家全过程参与制度，在实地勘查、民意调查、专家论证的基础上，科学制定方案，因地制宜选择确定技术路线，经专家充分论证后，再进入工程实施层面，从源头上保证人居环境整治成功，切实避免各级领导凭主观臆断盲目决策，坚决克服"拍脑袋"短期行为，避免造成"前任政绩、后任包袱"。

3. 完善农村人居环境技术标准体系，提升整治过程的标准引领性和区域适宜性

完善农村人居环境整治工作中相关技术的标准体系建设，国家层面应站在全局高度，从农村污水治理技术、农村垃圾处置技术、农村厕所改造技术、农村人居环境监测、农村人居环境整治工程管护机制、农村人居环境整治工程效果评估等方面，制定统领性的国家技术标准；地方层面应站在区域角度，因地制宜，认真总结地方上人居环境整治成功地区的经验，针对性地制定相关技术标准，从摸清底数、制定方案到最后建成运行等各个环节，按不同技术路线，编制成相应的标准化操作规范和操作指南，形成操作手册和作业指导书，避免重复探索，重复交学费。注重标准先行，提升农村人居环境整治过程的标准引领性和区域适宜性。

4. 强化人居环境分区整治理念，出台区域性关键整治模式和推荐技术清单

农村人居环境整治工作应体现分区治理的理念，出台区域性关键整治模式和推荐技术清单。针对我国西北、东北、华北、西南、东南地区，在对典型农村地区的地理环境、气候条件、经济发展水平等做全面调研基础上，分别出台相应的人居环境整治关键技术模式推荐名录，建立区域适宜性的优质技术产品清单。在人居环境整治过程中，应根据区域特点，参考区域性人居环境整治关键技术模式推荐名录，合理选定技术模式，参照区域性优质技术产品清单，确定选用产品的质量和技术参数，全面提升农村人居环境整治技术模式的科学性和适配性。

5. 加强国家科技支撑力度，组建专家服务团开展分区技术指导

加大对农村人居环境整治工作的国家科技支撑力度，针对目前我国农村人居环境的典型问题，设立重点研发专项，加强专项资金支持，推动联合技术攻关。在国内选择优势单位，组建全国农村人居环境整治工作的技术专家服务团，分区域、一对一地开展技术指导。专家服务团全程参与人居环境整治工作，包括规划方案的科学论证、实施工程的技术指导、工程竣工的验收评估等。

6. 完善农村人居环境整治资金保障体系，加强地方专业人才队伍建设

完善农村人居环境整治资金保障体系。设立农村垃圾处置、污水治理、厕所改造等人居环境整治专项资金，分批次、分阶段长期持续投入。同时，农村人居环境整治不能全靠财政投入，不然容易

形成"等靠要"的不良风气。应采取政府引导、社会投入、市场运作的方式，多渠道筹措资金，建立政府、企业、社会多元化的农村环保投、融资机制。发动村民，吸引民间资本投入，引导全社会参与农村人居环境综合整治，形成以中央财政投入为主、地方配套、村民自愿的多方资金保障体系，使全社会积极投入农村人居环境综合整治计划中。加强地方农村人居环境整治专业人才队伍建设。在现有基础上，通过改善待遇、改善工作环境等措施留住现有人才，建立地方专业人才队伍，通过全国农村人居环境整治工作技术专家服务团的一对一技术指导，有效提高其综合素质和业务水平。

7. 积极优化宣传和培训手段，建立全国农村人居环境整治示范点

充分利用报刊、广播、电视等传统媒体以及微信、微博、网络直播平台等新兴媒体，在全国大力宣传农村人居环境整治的重要意义、总体要求和主要任务，积极宣传好典型、好经验、好做法，在全社会倡导建设美好人居环境，努力营造全社会关心、支持、参与农村人居环境整治的良好氛围。按照分区分类原则，定期组织专家培训队伍，举办区域性、全国性的培训班，利用网络直播平台，定期开通网上培训通道。建议农业农村部牵头，组织建立一批农村人居环境整治示范点，先点后面、由易到难、循序渐进。从创建示范点开始，以点串线，连线成片，建立全国示范区，并形成辐射，带动区域人居环境的整体提升。

8. 统筹考虑人居环境和生产环境，建立统筹协调的治理政策

农村人居环境整治工作涉及面广，工作量大，要统筹考虑人居环境和生产环境，建立统筹协调的治理政策。坚持"政府引导，科学规划，统筹推进，突出重点，有序实施，因地制宜，分类施策"的原则，充分依靠群众，尊重农民历史形成的居住现状、习惯和意愿，广泛征求意见，规划先行，科学布局，合理实施。坚持问题导向、目标导向和效果导向，针对不同发展阶段的主要问题，制定针对性解决方案和阶段性工作任务，做到人居环境考虑生产环境，生产环境考虑人居环境，分区域、分类型、分重点推进，实现农村绿色协调可持续发展。

附录 1 关于农村厕所改造效果评价影响指标的调查问卷

填写说明：在表格内填写 A/a 或者 B/b。例：A 比 B 稍微重要，在稍微重要下属的表格里填写 A；b 比 a 非常重要，在非常重要下属的表格里填 b。

A	B	1 一样重要	2 中间值	3 稍微重要	4 中间值	5 一般重要	6 中间值	7 非常重要	8 中间值	9 极度重要
粪污处理效果	厕所改造用户满意度									
粪污处理效果	厕所新建改建过程									
粪污处理效果	厕所设备维护管理									
厕所改造用户满意度	厕所新建改建过程									
厕所改造用户满意度	厕所设备维护管理									
厕所新建改建过程	厕所设备维护管理									

（续）

a	b	1 一样重要	2 中间值	3 稍微重要	4 中间值	5 一般重要	6 中间值	7 非常重要	8 中间值	9 极度重要
无害化效果	资源化利用率									
无害化效果	环境影响									
资源化利用率	环境影响									
如厕环境	正常使用									
如厕环境	水电成本									
如厕环境	厕屋布局									
正常使用	水电成本									
正常使用	厕屋布局									
水电成本	厕屋布局									
建设成本	降本低碳									
清淘费用	监管人员									

附录 2 村级调查问卷

年份	2021
省	
市	
县/区	
乡/镇	
村	

问卷编号	C-
回答人	
回答人职位	
手机号	
填表人	
填表日期	年　月　日

调研点经纬度	经度：东经　°　'　"	纬度：北纬　°　'　"

1. 人口特征

数量	总户数	总人口数	贫困人口数
	常住人口数	流动人口数	返乡高潮期　月

备注：

116

（续）

特点	年龄组成 （人数或比例）	0~17岁	18~44岁	45~59岁	60岁及以上
	教育程度 （人数或比例）	初中及以下	高中	大学	研究生及以上
	民族组成 （人数或比例）	汉族：	其他民族1：___族，___ 节日：___		其他民族2：___族，___ 节日：___

2. 自然条件

气候	常年平均气温（℃）			
	冬季最低温度（℃）		平均年降水量（毫米）	
	冬季低温持续天数（天）		集中降水期 ___月	干旱期 ___月
地貌	地形分类	□平原 □高原 □盆地 □其他		
	土地资源	□耕地 面积：___亩 □林地 面积：___亩 □园地 面积：___亩 □草地 面积：___亩	土壤类型	□沙质土 □黏质土 □壤土
资源	水资源	□河流 名称：___ □水库 名称：___ □其他 名称：___	□湖泊 名称：___ □沟塘 名称：___	生物资源 □植物 品种：___ □动物 品种：___ □矿产 品种：___ □其他 品种：___

（续）

3. 经济条件

村集体收入（万元/年）	
特色产业 村集体创收产业	□种植　□养殖　□加工　□其他 ___ 1 名称：___，规模___，___个工人、数量___个 2 名称：___，规模___，___个工人、数量___个

4. 基础设施

供水	主要供水方式	□自来水　□水井　□其他 ___
	自来水普及率（%或户数）	
	供水时间	□24 小时连续供水　□间断供水，超 12 小时　□间断供水，小于 12 小时；集中供水时间段___点
供暖	主要供暖方式	□集体　□个人　□其他 ___
	采暖类型	□天然气　□燃煤　□电器　□其他 ___
	集中供暖普及率（%或户数）	
排污	下水道普及率（%或户数）	

5. 农业生产

	主要种植品种	粮食 1	粮食 2	蔬菜 1	蔬菜 2	果树 1	果树 2	药材
种植	名称							
	种植面积（亩）							

（续）

种植		粮食1	粮食2	蔬菜1	蔬菜2	果树1	果树2	药材
	主要种植品种							
	产量（吨/年）							
	废弃物集中处理设施	□有，设施日处理量（吨）____　□无				废弃物资源化利用	□有，方式____　□无	

养殖		牲畜1	牲畜2	家禽1	家禽2	水产1	水产2	其他
	主要养殖品种							
	饲养量（头、只/年）							
	饲养周期（天）							
	废弃物集中处理设施	□有，设施日处理量（吨）____　□无				废弃物资源化利用	□有，方式____　□无	

6. 农村生活

厕所	传统户厕类型及数量	传统水厕： 类型1_____，数量_____户，占比____% 类型2_____，数量_____户，占比____%	传统旱厕： 类型1_____，数量_____户，占比____% 类型2_____，数量_____户，占比____%
	户厕改造类型及数量	卫生水厕： 类型1_____，数量_____个，占比____% 类型2_____，数量_____个，占比____%	卫生旱厕： 类型1_____，数量_____个，占比____% 类型2_____，数量_____个，占比____% □无
	户厕改造时间	_____年	
	户厕改造资金来源	_____元/户　□农户自筹：_____元/户	□财政资金：_____元/户 □其他

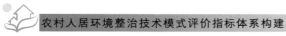

（续）

类别	指标	选项	指标	选项
厕所	户厕粪污处置方式	□无 □村集中收集处置 □农户庭院就地利用 □其他____	户厕粪污处置资金来源	□无 □农户自筹：____元/户 □财政资金____ □其他____元/户
	村内公共厕所	□有 □无	村内公共厕所数量（个）	
	村内公共厕所管护措施	□无 □村集体管护 □第三方管护 □村民管护 □其他____	村内公共厕所粪污处置方式	□无 □村内就地利用 □集中转运处置 □其他
	厕所管护费用	____元/年	厕所管护资金来源	□无 □财政资金____ □农户自筹 □其他
污水	村级污水处理设施	□有 □无	村级污水处理设施数量（个）	建设年份 ____年
	设施日处理量（吨）		污水去向	□达标排放 □就地利用
	村级污水处理设施管护措施	□无 □村集体管护 □第三方管护 □村民管护 □其他		
	村级污水处理设施管护费用	____元/年	村级污水处理设施管护资金来源	□无 □财政资金 □农户自筹 □其他

（续）

	项目	内容	
垃圾	村内垃圾投放点	□有　□无	
	投放点形式	□垃圾池　□垃圾箱 □其他____	
	清运形式	□无 □村集体组织清运 □第三方负责清运 □村民自发清运 □其他____	
	清运频率	____天/次	
	村级垃圾处理站	□有　□无	
	村级垃圾处理站数量（个）		设施日处理量（吨）____
	村级垃圾处理站管护措施	□无 □村集体管护 □第三方管护 □村民自发管护 □其他____	
	村级垃圾处理站废弃物处置方式	□无 □村内就地利用 □集中转运处置 □其他____	
	垃圾处理设施管护费用	____元/年	
	垃圾处理设施建设资金来源	□无 □财政资金 □农户自筹 □其他____	

附录 3 户级调查问卷

年份	2021
省	
市	
县/区	
乡/镇	
村	

问卷编号	H -
回答人	
年龄/职业	年龄：___岁，职业：___
手机号	
填表人	
填表日期	___年___月___日

调研点经纬度	经度：东经 ° ′ ″	纬度：北纬 ° ′ ″

1. 家庭基本信息

家庭人口	家庭人口数（人）			
	常住人口数（人）			
	年龄组成（人数）	□0～17 岁：___人 □18～44 岁：___人 □45～59 岁：___人 □60 岁及以上：___人	教育程度（人数）	□初中及以下：___人 □高中：___人 □本科：___人 □研究生及以上：___人

备注：

122

（续）

家庭收入	家庭总收入（万元/年）		
	主要收入来源	□种植：种类_____ ，_____万元/年 □养殖：种类_____ ，_____万元/年 □经营：种类_____ ，_____万元/年 □打工：种类_____ ，_____万元/年 □其他：种类_____ ，_____万元/年	

2. 生活及排污情况

供水	主要供水方式	□自来水 □水井 □其他_____	供水时间	□24小时连续供水 □间断供水，超12小时 □间断供水，小于12小时；集中供水时间段_____点
供暖	主要供暖方式	□集体 □个人 □其他_____	采暖类型	□天然气 □燃煤 □电器 □其他_____
厕所	户厕类型	□传统厕所： □卫生水厕： □卫生旱厕：	粪污处置方式	□无 □农户庭院就地利用 □村集中收集处置 □其他_____
	厕所管护资金来源	□无 □财政补贴		□无 □农户自付 □其他_____
	厕所管护费用	清淘频率：_____次/年 管护费用：_____元/年		_____元/年

（续）

厕所	卫生厕所改造意愿	□同意： □水厕 □旱厕 □室内 □室外 □耗电 □不耗电 □个人管护 □集体管护 □无须管护	□反对 反对的理由：
	卫生厕所参与意愿	□愿意，参与形式： □宣传动员 □资金筹措、 □劳动建设 □后期管护 ___元	□不愿意 理由：
污水	生活污水产生量 （升/天）	生活污水主要来源	□厨房 □洗浴 □厕所 □其他___
	生活污水收集处理并回用意愿（厕所、厨房、洗浴等）	□同意 □反对	反对的理由
	生活污水回用方式选择意向	□自家庭院灌溉（地表） □自家庭院消纳（地下） □大田集中灌溉（地表） □大田集中消纳（地下） □其他___	是否愿意承担部分费用	□是，___元/年 □否
垃圾	生活垃圾产生量 （千克/天）	生活垃圾主要类型	□可回收垃圾 □餐厨垃圾 □有害垃圾 □其他___

（续）

3. 庭院种养情况

院落闲置土地：□无　□庭院内，面积：_____平方米　□房前屋后，面积：_____平方米　□其他_____

庭院经济：□无　□种植　□养殖　□其他

种植

种植季节	春季1	春季2	夏季1	夏季2	秋季1	秋季2	冬季
名称							
种植面积（亩）							
产量（千克/季）							
废弃物产生量（千克）	□秸秆，_____　□尾菜，_____　□其他，_____						
废弃物资源化利用	□有，方式_____　□无						

养殖

主要养殖品种	牲畜1	牲畜2	家禽1	家禽2	水产1	水产2	其他
饲养量（头、只/年）							
饲养周期（天）							
废弃物产生量（千克）	□粪便，_____　□污水，_____　□其他，_____						
废弃物资源化利用	□有，方式_____　□无						

（续）

废弃物就地处理与循环利用的意愿（厕所粪污、厨余垃圾、秸秆尾菜、畜禽粪便）	□同意： □庭院消纳模式（以家庭为单元） □大田消纳模式（以村庄为单元） □其他_____	□反对 反对的理由：
废弃物就地处理与循环利用的方式	□肥料化（例如，粪便制作有机肥） □能源化（例如，废弃物堆沤发酵产沼气） □饲料化（例如，秸秆尾菜制作饲料） □其他_____	是否愿意承担部分费用	□是，_____元/年 □否

图书在版编目（CIP）数据

农村人居环境整治技术模式评价指标体系构建 / 杨波等著. -- 北京：中国农业出版社，2024.9. -- ISBN 978-7-109-32289-9

Ⅰ. X21

中国国家版本馆 CIP 数据核字第 2024LS4136 号

中国农业出版社出版

地址：北京市朝阳区麦子店街 18 号楼

邮编：100125

责任编辑：郭　科

版式设计：杨　婧　　责任校对：周丽芳

印刷：中农印务有限公司

版次：2024 年 9 月第 1 版

印次：2024 年 9 月北京第 1 次印刷

发行：新华书店北京发行所

开本：880mm×1230mm　1/32

印张：4.25

字数：110 千字

定价：48.00 元
